U0051811

 布的講究美學

鎌倉 SWANY の
超簡單質感手作包

詳細圖解拉鍊＆提把＆口金技巧縫法 ✕ 裡袋設計

手作包基本功
一本OK！

contents

必備工具

關於工具

介紹製作包包時必備的工具，以及可預先準備的便利工具。

牛皮紙
製作紙型時使用的紙張。薄薄的、透明的，方便用來轉描紙型。粗糙的那一面是正面，光滑的那一面是背面。可以在手工藝用品店買得到。

輪刀
在布料上作出記號使用的工具。在布料之間夾入複寫紙，從上方描劃。

複寫紙
在布料上作出記號使用的工具。夾入布料及布料之間，從上方以輪刀描劃。

方格尺
製圖或是加上縫份時使用。因為是透明的，又有方格線，便於使用。

水消筆
在布料上畫出記號時使用的筆。經過一段時間會自然消失，沾水後也會消失。

裁布剪刀
裁剪布料用的剪刀。裁過紙張的剪刀，刀刃會變得不鋒利，請務必要準備一把與裁紙剪刀分開使用的剪刀。

線剪
裁切縫線時使用的剪刀。因此尺寸比較小，比起裁布剪刀，線剪使用起來會更為順手方便。

熨斗
除了用來熨燙布料的皺褶，也可以用來燙上布襯或燙出縫份。

車縫線
車縫用的縫線。根據布料的材質或厚度，變換使用縫線的種類或粗細。

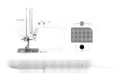

珠針
暫時固定時使用的針。珠珠部分小一點的款式比較方便使用。

錐子
使用於拉出邊角、車縫輔助送布的時候。在製作包包時需要特別準備的一項工具。

拆線器
使用於拆線、劃開鈕釦洞的時候。前端附有刀刃。

縫紉機
很多包包使用的是canvas或是帆布等厚一點的布料，因此，建議使用馬力強一點的縫紉機。

拷克機
為了避免縫份的邊緣脫線，用來處理布邊的縫紉機。改以Z字形車縫也可以。

便利的工具

袖燙板
以熨斗熨燙的底座。因為其形狀是細長形，製作小包或是燙開已成袋形的包包的縫份，會很方便。若要製作包包，盡可能準備為佳的一項工具。

磁針插
裡面附有磁石的細長針插。細一點的針或是短一點的針也不會埋進去，收納很方便。針掉落的時候，拾起也很方便。

強力夾
暫時固定用的夾子。以珠針暫時固定，會產生針洞，因此，車縫防水加工布料或是皮革的時候使用這種夾子會很方便。不管是摺出縫份的厚度，或是布料不容易穿針的時候都可以用來暫時固定。

熨斗尺
沿著尺的線條摺布，以熨斗熨燙就能快速地燙出漂亮的摺線。

穿繩器
用來穿繩的工具。前端可以夾住繩子的款式十分便於使用。

滾邊器
製作斜紋布條的工具。可以運用自己喜歡的布料，作出漂亮的斜紋布條。

文鎮（重物）
為了避免布料或是紙型移動，放置其上固定的工具。裁剪布料或是轉寫紙型時若備有這個工具，會很方便。

滾刀・切割墊
一邊旋轉圓形的刀刃一邊裁切的滾刀。裁布時使用此工具，不需拿起布料就可以順暢地裁布。使用時下方一定要鋪上切割墊。

車縫線的選法

根據使用的布料材質，變換使用的車縫線粗細。
於此也一併介紹縫線顏色的選擇方法。

1 選擇縫線的粗細

縫線具有粗細的不同，粗度的表示單位為「號」，數字愈大表示愈細的縫線。一般使用的車縫線通常是以30號、60號、90號為主。30號是厚布料用，60號是中厚布料至一般布料用，90號是薄布料用，請根據布料的厚度選擇縫線的粗細。車縫針也適用相同的原則，配合使用的縫線選擇適合的車縫針。若使用不適合布料的縫線，會有斷線、線的張力不合、無法車出漂亮的縫線的情況產生。在此介紹的是本書製作包包時經常使用的60號及30號車縫線。

60號縫線　中厚布料至一般布料用

棉麻帆布、牛津布、11號以上的薄帆布、亞麻布、絨布、斜紋織布、平織布、防水加工布等

 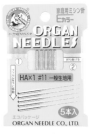

使用11號的車縫針。

以中厚布料至一般布料而言，使用的是60號的縫線。基本上，幾乎可以使用在任何布料。顏色的選擇也比其它粗細的縫線豐富。使用極厚或是極薄的布料的時候，請選用60號的縫線較不易出錯。

30號縫線　厚布料用

8號以下的厚帆布、厚丹寧布、皮革等

使用14號的車縫針。

以厚布料而言，使用的是30號的縫線。以60號的縫線車縫厚一點的布料，若有斷線的情形，則試著改用30號的縫線。此外，若想要清楚看見縫線的設計時，則可以使用30號的縫線，即可漂亮地呈現。

2 縫線顏色的決定方式

即使是同色系的顏色，要如何從好幾種顏色中選出適合的縫線顏色，也是一件困難的事情。此外，市售的縫線都有塑膠膜封住，看起來會與實際的顏色有所差異，建議使用縫線賣場的樣本挑選顏色。

SchappeSpun顏色樣本
／（株）FUJIX

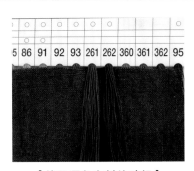

【使用深色布料的時候】

選用比起布料的顏色稍微深一點的縫線顏色，能夠自然地與布料相容。即使是使用淡一點的縫線顏色也沒有問題，會呈現稍微顯眼的感覺。

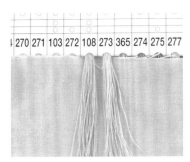

【使用淺色布料的時候】

選用比布料的顏色稍微淡一點的縫線，能夠自然地和布料相容。若使用的是深一點的縫線顏色，會比較容易形成醒目的縫線。

POINT　使用圖案布料的選擇方法

「使用不同顏色製作而成的布料，該選擇什麼顏色的縫線會比較好呢？」遇到上述這種問題的時候，選擇布料的底色或在圖案使用的顏色中選出一種顏色當成縫線，就能與布料相容。

【彩色條紋布】

選用布料底色的灰色，或條紋裡大量使用的粉紅色。灰色的縫線會讓作品的氣氛變得沉穩，粉紅色的縫線會讓縫線稍微醒目，營造出鮮豔、運動風的感覺。

【小花圖案布】

選用布料底色的灰色或是圖案中使用的紫色。灰色的縫線會與布料整體自然地相容。紫色則會突出，形成襯托整體作品的亮點顏色。

關於縫線的張力特性

縫線的張力特性，即為縫紉機的上線及下線互相牽引的張力平衡。為了車出漂亮的縫線，首先要以確實配合縫紉機的縫線張力特性開始。若能車縫出漂亮的縫線，製作而成的包包會更加漂亮。

1 試著車縫

為了確認縫線的張力特性適合，在正式車縫之前請先試著車縫。即使是同樣縫線張力特性的設定，根據布料的厚度或是材質，平衡也會產生變化，因此，請一定要用即將使用的布料試著車縫。以裁剪過後剩下的布料試著車縫是很不錯的選擇喔！無論如何都無法使用相同的布料車縫時，則使用相同厚度、材質或質感的布料。此外，也建議取 2 片即將使用的布料重疊後試著車縫一下。

2 看看試著車縫的縫線，確認縫線張力特性的平衡狀況

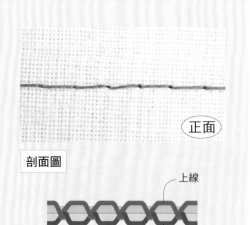

○平衡良好的縫線張力特性

從表面看或從背面看，兩邊的縫線都不會有過度拉扯、保持漂亮平整的狀態。此狀態即為最佳的縫線張力平衡。

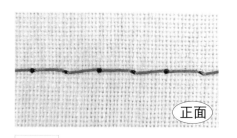

× 上線太強的狀態

上線（紅線）過度拉扯，可以從正面側的洞看見下線（綠線）。上線的張力特性過強，因此，將上線的張力特性調小、減弱，取得平衡。

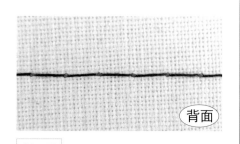

× 下線太強的狀態

下線（綠線）過度拉扯，可以從背面側的洞看見上線（紅線）。下線的張力特性過強，因此，將上線的張力特性調大、增強，取得平衡。

車出漂亮壓線的訣竅

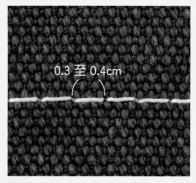

壓線即為車出針目稍微大一點的縫線，看起來比較漂亮。特別是帆布等厚一點的布料，車縫出大一點的針目會比較漂亮喔！試著車縫的時候，也可以順便確認看起來最漂亮的針目大小喔！

車縫包包的袋口或提把的邊端的壓線，畫出記號，可以車出漂亮的平行線條。在縫紉機的壓布腳作出記號，或貼上紙膠帶作出記號，根據這些記號車縫也是不錯的方法喔！

回針縫

將布料對齊車縫的時候，在起縫處及止縫處以回針縫（往回車縫2至3針重複車縫）處理。防止縫線脫落。

關於布料

根據布料的種類和特色，選用最適合製作包包的布料吧！

適合製作包包的布料

棉布、麻布（亞麻布）、羊毛布、化學纖維等，各式各樣的布料種類。此外，也具有各式各樣的厚度。包包須用來收納物品，布料具有一定程度的強度及彈性十分重要，因此，中厚布料至厚布料最適合用來製作包包。薄布料至一般布料，主要用在裡布，或是用來製作小包及迷你包包。表布使用薄布料時，通常會貼上布襯，增加強度及彈性。

薄布料至一般布料

主要使用在小包、迷你包包或裡布。

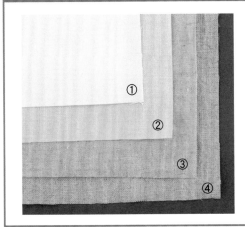

① 絨布

為了呈現出自然的光澤及滑順的質感，經過加工程序的布料。容易車縫、雖然薄但具有強度。比起尼龍布稍微厚一點。服裝中的Y字領也經常使用。主要成分是棉布或聚酯纖維。

② 平織布

橫線及直線都是使用相同粗細的線，以平織方式編織而成的布料。比起絨布，織紋稍微粗一點，具有質樸的質感。床單或枕頭套經常使用，可以應用的範圍很廣泛。主要成分是棉。

③ MASON ※Swany 製作的亞麻布

柔軟質感的棉麻素材。稍微薄一點的布料，適合用來製作洋裝或裙子，創造出柔軟的質感。

④ HALEINE ※Swany 製作的亞麻布

洗過（水洗加工）、具有自然質感的麻質素材。稍微薄一點，因為是100%的亞麻布料，比起MASON，具有亞麻布特有的光澤感及彈性。

中厚布料

主要使用在包包的表布。若是薄一點的布料，建議用於裡布為佳。

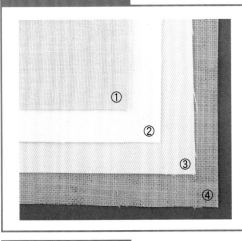

① 棉麻帆布

比起帆布稍微薄一點。適合用來製作耐用、具有適當厚度的包包。棉麻混紡具有適當的柔軟度。

② 牛津布（Oxford）

織紋紮實的平織布料。堅固、稍微具有厚度，同時具有柔軟度及光澤。經常用在男士服裝的襯衫布料。主要的成分是棉。

③ 斜紋織布

呈現斜斜、細細的方格狀，以「綾織」這種方式編織而成的布料。雖然柔軟，同時具有適當的厚度及強度。丹寧布、卡其布也屬於這種布料。成分除了棉，也會使用羊毛或是聚酯纖維。

④ VENT ※Swany 製作的亞麻布

稍微厚一點的耐用麻布。織紋粗，具有纖維突出（縫線的節），自然的質感。不管是洋裝或裙子等服裝，或包包表布及裡布，可以使用的範圍非常廣泛。

厚布料

主要使用在包包的表布上。

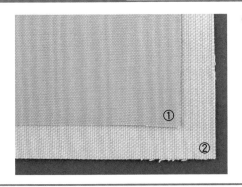

① 11 號 canvas（帆布）

帆布和canvas幾乎是同一個種類的布料。厚度的種類很豐富，其厚度以號碼數字表示。數字愈小，表示厚度愈厚。

② 水洗加工 8 號帆布

以粗一點的線縝密織成的布料。具有厚度，最適合用來製作托特包或郵差包等休閒運動風的包包，耐用度非常高。
這款布料經過水洗加工，呈現出使用過的仿舊感。

關於布襯

雖然從包包的表面看不到布襯，但是，貼與不貼卻會讓作品呈現的感覺有很大的差異。根據選用的布襯種類或是貼的方法不同，完成的作品也會有所差異。一起來練習貼布襯吧！

所謂布襯

背面塗上可以熨斗熱度融化的膠的一種襯布。重疊在布料上，以熨斗燙貼。基本上，是貼在布料的背面。貼上布襯的目的是維持袋形、預防皺褶、讓作品整體保持張力形成漂亮的袋形。此外，提把或是磁釦安裝的位置等這些需要用力拉扯的位置，也可以補強為目的貼上布襯，或是為了防止過度拉扯。

1 決定種類

織紋布款

以平織的方法織成，在布料背面塗上膠的布襯。燙貼的時候，容易與布料相容，讓作品保持韌性。不管是服裝、包包或是小物，使用的範圍很廣泛。因為具有布紋，可以對齊燙貼的布料的布紋貼上。

不織布款

將纖維纏繞混合作成薄片狀的布襯。像厚和紙一樣的質感，具有硬度及彈性，比起服裝，更適合用來製作包包等小物。但是，與布料比較不容易相容，也有容易產生皺褶的缺點。

包包用款
※ Swany 製作

以包包製作為目的生產的布襯。具有耐用、可以保持漂亮袋形的特性，同時具有適度的彈性。

2 決定厚度

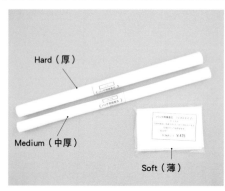

Hard（厚）

Medium（中厚）

Soft（薄）

根據作品完成的感覺或是個人喜好選擇布襯的厚度。

Soft（薄）…薄到中厚的布料，既然營造質感，又能保持作品的韌性，防止袋形崩塌。也可以用在厚布料上，此外，適合用來想要讓作品更加耐用的時候。

Medium（中厚）…用在想要讓作品稍微具有彈性的時候，或是保持包包形狀的時候。

Hard（厚）…用在想要讓作品比起medium更耐用的時候。

※薄布襯會損壞質感，厚布襯過厚不容易車縫，可能會有這些情況，因此，請特別注意。

3 試著燙貼看看

貼上布襯之後，就無法重來了！為了避免燙貼失敗，先以多餘的布料試貼看看，再正式開始製作喔！

NG的情況！

· 容易剝落
· 過度收縮
· 與布料不相容，表面皺皺的
· 正面沾到膠

4 貼在實際使用的布料上

1

裁剪與要燙貼上的布料相同尺寸的布襯。

2

將布襯的背面（附有黏膠、粗糙的那一面）朝下重疊在布料的背面上，以中溫（140至160°C）的熨斗，讓布襯不會偏離地，從中央開始熨燙貼合。

POINT
· 不要移動熨斗，以按壓的方式熨燙約10至15秒。
· 若熨斗的溫度過高，可能會使布襯融化，請特別留意。

3

從中間朝向外側，運用相同的方式以熨斗燙壓。為了不產生間隙，在已經燙貼的部分稍微重疊地燙壓。

4

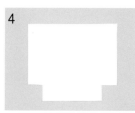

整體貼上布襯之後，放在平坦處，放置5至10分鐘左右至熱度冷卻。

POINT
還殘有熱度的時候，黏膠還沒有完全固化，因為會容易剝落。
為了避免偏離、剝落，請等待至確實冷卻為止。

關於貼邊布

了解貼邊布如何製作，就可以將包包變化成加上貼邊布的設計，也可以自由地改變寬度。

所謂貼邊布

貼邊布

以與表布相同的布料將本體裡布的袋口部分作成拼接的設計，即為貼邊（圖中為了讓讀者容易了解，使用另一塊布料製作）。製作貼邊布的目的是補強包包的袋口強度，以及從袋口不會看見裡布。

通常會在貼邊布的背面貼上布襯，但是，根據布料的厚度或是想製作的包包感覺（使用帆布等厚一點布料或想要作出柔軟的質感時）而不貼的情況也有。

※關於布襯的貼法請參照P.6。

貼邊布

貼邊布的寬度

本體布

1 對著本體布紙型的袋口畫出一條平行的線條。
配合想要製作的貼邊布寬度變化。
※一般大約落在3至8cm之間。

2 描在另一張紙上。

貼邊布

3 加上縫份之後裁剪。

拼接設計的時候

包包脇邊具有側身等拼接設計的時候，還是可以作出貼邊布。
因為有縫份重疊的地方，貼邊布可以營造包包俐落的感覺。
因為車縫的位置少，製作更為簡單。

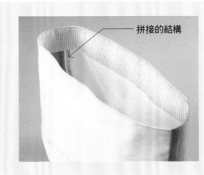

拼接的結構

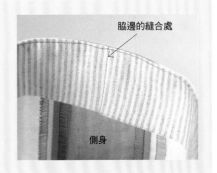

脇邊的縫合處

側身

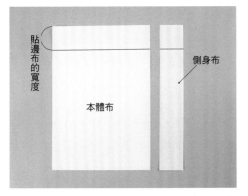

貼邊布的寬度

側身布

本體布

1 對著袋口畫出一條平行的線條，再畫在另一張紙上。

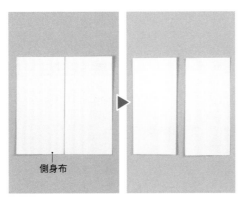

側身布

2 將側身布的貼邊布裁切成一半。

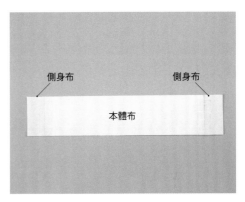

側身布　　　　側身布

本體布

3 以膠帶對齊貼合在對齊縫合的位置。

紙型的使用方法

本書的每一個作品皆附有原寸紙型。
在此解說關於原寸紙型的使用方法。

關於作法裡的符號說明

附錄的原寸紙型,除了部分之外,皆不含縫份。參考各個作品的作法頁上的〔裁布圖〕圖示,將紙型加上縫份。製作好紙型之後,參照〔裁布圖〕圖示,將紙型配置在布料上,再裁剪。

[裁布圖]

縫份尺寸
●圓圈裡的數字,代表的是縫份的尺寸。沒有指定的部分,全部皆加上1cm的縫份作出紙型。

沒有紙型的部件
只有數字,沒有紙型的部件。以「直接裁剪」的方法裁剪。(參照P.9)

表布(正面)

內口袋布

15
24

底表布

本體表布

摺雙

50cm

135cm寬

布紋的方向
表示直布紋的方向。根據紙型標示的「布紋線條」,以相同方向配置在布料上。

圓圈裡的數字,代表的是縫份的尺寸。

紙型的用語・記號

完成線	進行車縫的線條。完成線。
摺山線	摺布料位置表示的線條。
布紋線	表示布料的直布紋方向。將布料的布紋線(直布紋)對齊紙型的方向裁剪。
合印記號	對著完成線畫出的直角細線。將2片布料的相同記號對齊後縫合。

畫出紙型

附錄的原寸紙型,是重疊了好幾個作品的紙型描劃而成。不能直接裁剪,先描在牛皮紙或是描圖紙上,加上縫份後再使用。

1 確認想要製作的作品號碼、線條的顏色及紙型的片數。

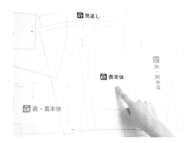

2 找出想要製作的作品的部件。

3 放上牛皮紙(粗糙的那一面朝上),描出紙型。
直線部分直接以尺對齊畫出線條 ※

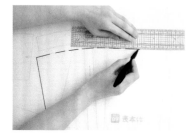

4 圓弧部分,一點一點地沿著尺畫出虛線,之後再連成一條線。

5 寫上提把等的縫合位置、合印記號、部件名稱、布紋線等。

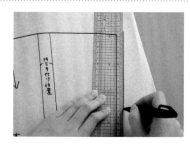

6 使用方格尺的方格,畫出縫份。

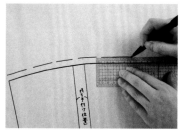

7 圓弧部分以畫出完成線時相同的方法,一點一點畫出虛線後,再連成一直線。

8 以剪刀裁剪。

※為了讓讀者看得清楚,使用簽名筆示範,實際製作的時候,請使用鉛筆(自動鉛筆)即可。

直接裁剪的方法　在此介紹縮短製作時間的「直接裁剪」的重點。

所謂直接裁剪

不製作紙型，直接在布料上畫出記號再裁剪的方法。本書標示的方法，分別有紙型的部件，與直接畫出記號裁剪的部件。以直線畫出四方形的部件，能夠以直接裁剪的方法，減少製作的步驟，很簡單。但是，使用容易偏離、歪斜的布料時，即使是簡單的部件，先作出紙型再裁剪，會比較理想。

[裁布圖]

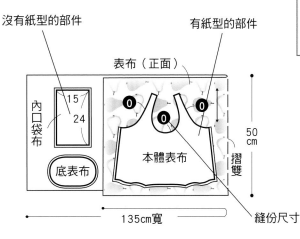

沒有紙型的部件

有紙型的部件

表布（正面）

內口袋布

15
24

底表布

0

0

0

本體表布

50
cm

摺雙

縫份尺寸

135cm寬

裁布圖內寫上數字的部件，未附紙型。以直接裁剪的方式裁剪。

直接裁剪的方法

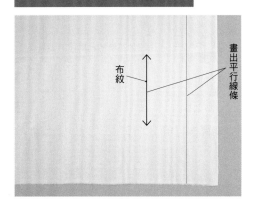

布紋

畫出平行線條

首先，畫出一條與布紋平行的基準線條為要點。對著布紋畫出彎曲的線條，是導致包包完成時歪斜的原因。

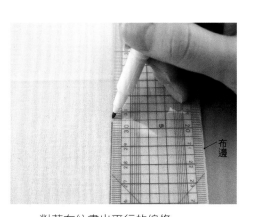

布邊

1 對著布紋畫出平行的線條。

POINT
將尺的邊緣對齊布邊畫出線條。

2 依步驟**1**畫出的線條，畫出直角的線條。

POINT
利用方格尺的方格線畫線雖然很簡單，但也很容易彎曲，需特別注意。

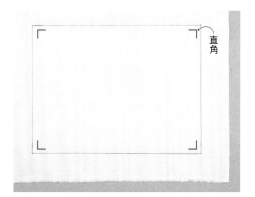

直角

3 以步驟**1**、**2**畫出的線條為基準，以指定的尺寸畫出記號（必要的時候加上縫份）。

沒有留下布邊的時候（薄布料）

1 在直布紋的方向剪出小小的切口，撕開布料。

※有些厚布料可能會有不容易撕開的情況。

布紋

2 沿著直布紋撕開的布料，布邊容易會有不平整的情況，再以熨斗燙壓平整。

關於暫時固定

暫時固定即為在正式車縫前,為了避免布料偏離而將布料暫時固定的步驟。若布料偏離,就無法作出正確的袋形,因此,確實固定之後再車縫是很重要的步驟。

○ 珠針的正確別法

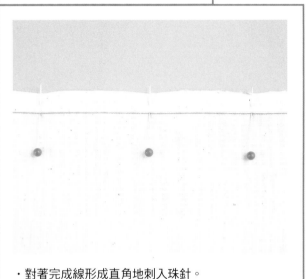

- 對著完成線形成直角地刺入珠針。
- 稍微別起一些布料。
- 盡可能等間距,以適當的根數固定。圓弧部分以稍微近一點的間距固定。

× 珠針的錯誤別法

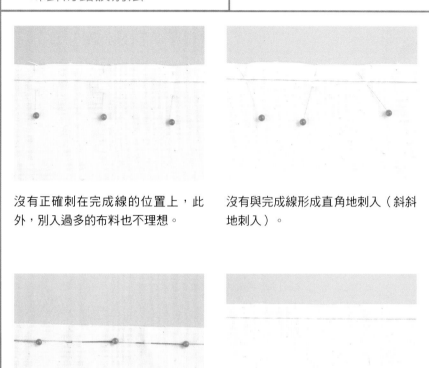

沒有正確刺在完成線的位置上,此外,別入過多的布料也不理想。

沒有與完成線形成直角地刺入(斜斜地刺入)。

沿著完成線橫向地刺入。

距離完成線的位置太遠刺入。

使用方便的工具暫時固定的方法

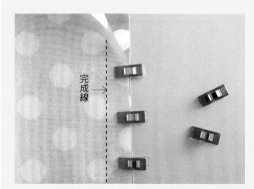

以強力夾暫時固定
用在防水加工布料或皮革等容易產生針的孔洞的材質的暫時固定。具有厚度的布料,不容易刺入針時也很方便。薄布(普通的布料)也可以使用。

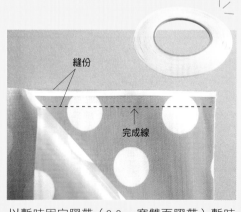

以暫時固定膠帶(0.3cm寬雙面膠帶)暫時固定
這也是用在防水加工布料或皮革等容易產生針洞的材質的暫時固定。
※若在膠帶上車縫,車縫針會沾黏上膠,成為斷線的原因,因此將膠帶貼在縫份的位置。

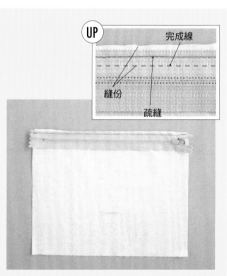

疏縫
拉鍊、提把或是打褶等,為了避免布料偏離,以大針目先車縫固定的方法。為了讓布料翻至正面後看不見縫合處,在縫份內的位置車縫固定。

放入底板的方法

所謂底板，就是放入包包底部的塑膠製板子。可以防止袋形崩壞，確實維持包包的形狀。

no.4
no.7

使用在**no.4**（P.79）・**7**（P.81）的作品上。

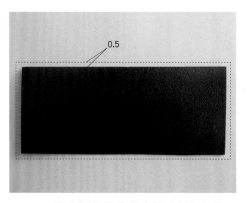

1 將底板裁剪成比底部（側身）的尺寸四周小0.5cm。

2 將邊角裁圓。
※若邊角保持尖狀，會刺穿布料。

3 全部裁成圓角。

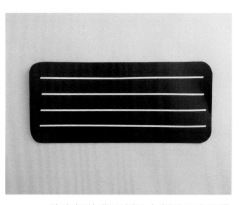

4 將底板的背面側貼上暫時固定膠帶（雙面膠帶）。

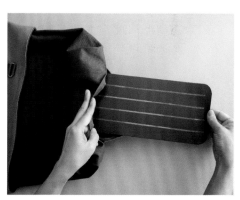

5 撕掉暫時固定膠帶（雙面膠帶）的背紙，從本體裡布的返口放入底板。

6 貼在本體布的底部。

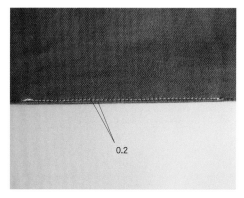

7 將返口的縫份往裡面摺入，進行車縫。

8 將本體裡布放入本體表布中，整理袋形。

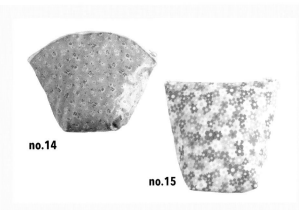

no.14
no.15

no.14・15（P.86）的作品製作必要的重點。

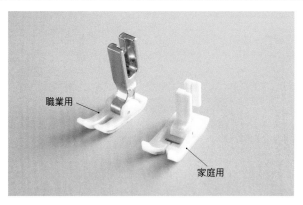

職業用

家庭用

鐵弗龍壓布腳（接觸面經過鐵弗龍加工處理）

將縫紉機的壓布腳換成鐵弗龍壓布腳，讓布料不會貼在壓布腳上，能平滑順暢地車縫。車縫皮革時也可使用。
※請確認手邊使用的縫紉機，購入規格相容的壓布腳。

矽膠噴霧

噴在車縫針或是縫線上，就可以平滑順暢地車縫。

完成線

強力夾

在需要暫時固定的時候，暫時固定夾就可以派上用場，十分方便。

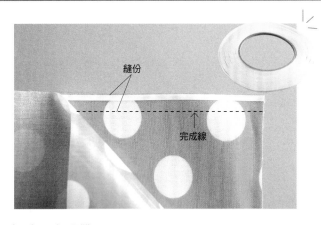

縫份

完成線

暫時固定膠帶（0.3cm寬雙面膠帶）

暫時固定使用的是0.3cm左右的細版雙面膠帶。為了避免在膠帶上車縫，貼在不會碰到完成線的位置上。

皮革用車縫針

皮革用車縫線

關於車縫皮革的時候

車縫皮革的時候，須將縫紉機的壓布腳換成鐵弗龍壓布腳，暫時固定則是使用暫時固定夾或暫時固定膠帶。車縫線及車縫針也換成皮革專用的款式。

返口的作法

所謂返口,即為將包包的本體表布及本體裡布對齊縫合成袋狀的時候,為了之後能夠翻回正面,而留下沒有車縫的部分。需要製作返口的時機及返口的尺寸在此也一併解說。

關於製作的時機

翻至正面後,需將返口縫合,因此盡可能將返口留在容易車縫的直線部分為要點。

基本上會將返口留在本體裡布的底部。

若是圓底等底部是圓弧形的狀況,則將返口留在本體裡布的脇邊線等直線的部分。

關於留下不車縫的尺寸

留下不車縫的長度,基本上留下手可以伸進去的大小(15至20cm)。

大尺寸的包包或是已經裝上提把的包包,返口太小不容易翻面,容易在包包本體留下皺褶,請留下稍微大一點的返口。

翻至正面

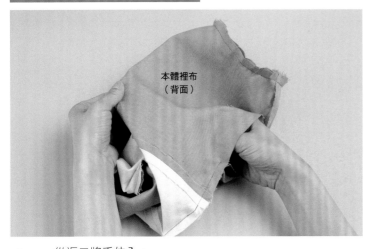

1 從返口將手伸入。

2 拉出本體布,翻至正面。

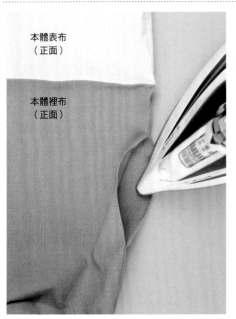

3 將返口的縫份摺入。

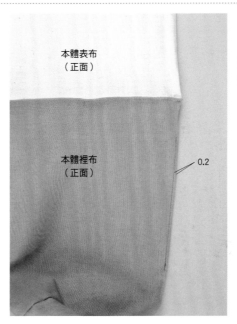

4 將返口的邊緣對齊,進行車縫。

局部設計的縫法

在此解說關於包包製作必要縫法的基礎知識。

褶子的縫法

為了表現出立體的形狀，抓出三角褶子車縫的方法。

使用在**no.11**（P.83）的作品上。

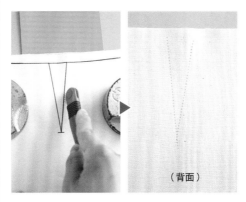

1 以複寫紙等工具畫出褶子位置的記號。

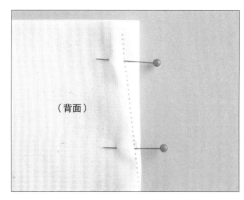

2 在褶子的中心位置對摺，對齊記號以珠針固定。

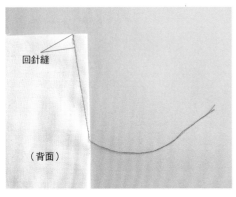

回針縫

（背面）

3 沿著記號進行車縫，在起縫處回針縫，止縫處則留下長一點的縫線再裁剪。

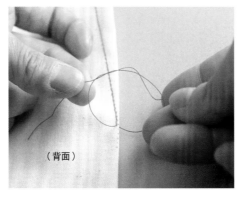

（背面）

4 將留下的線頭，繞2圈打結，再打一次結。

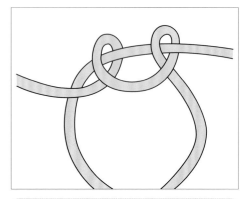

繞 2 圈示意圖

（背面）

5 剪掉多餘的縫線。

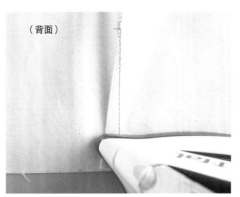

（背面）

6 熨燙縫份。

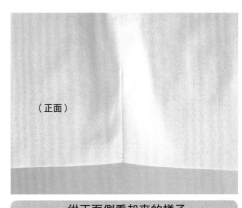

（正面）

從正面側看起來的樣子

打褶的方法

所謂打褶，即為將布料摺疊作出褶子。
這個方法可以用來作出立體的袋形，或當成裝飾使用。

1 在打褶的位置，以水消筆或複寫紙畫出記號。

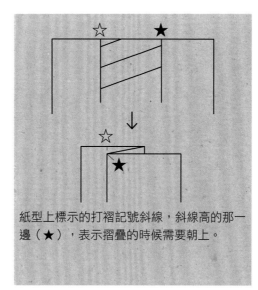

紙型上標示的打褶記號斜線，斜線高的那一邊（★），表示摺疊的時候需要朝上。

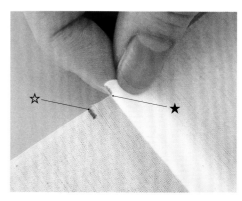

2 將斜線高的那一邊（★）往低的那一邊（☆）重疊，以珠針固定。

各種打褶的方法

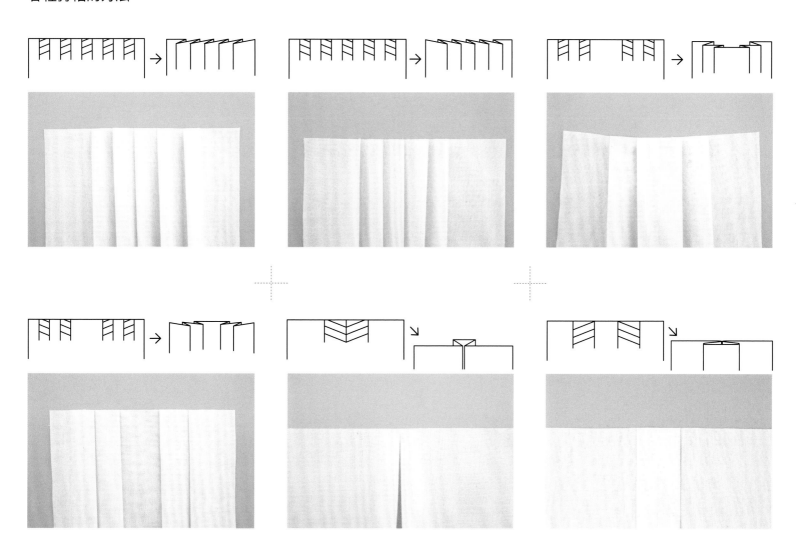

縮褶的縫法

所謂縮褶,即為拉緊布料,作出皺褶的樣子。
運用在包包上,可以作出蓬蓬的輪廓外形。

1 將縫紉機的上線張力特性稍微調鬆一點,針目設定為0.4cm左右(配合布料的厚度調整)。

步驟**3**車縫的時候,若使用Resilon(針織用車縫線),車縫會更順暢,縫線也容易穿引(步驟**7**車縫的時候,則以一般的車縫線車縫即可)。

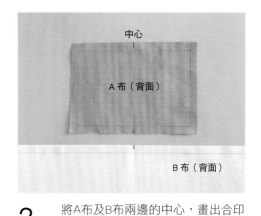

2 將A布及B布兩邊的中心,畫出合印記號備用。
(若紙型標有合印記號,不要忘了畫上記號。)

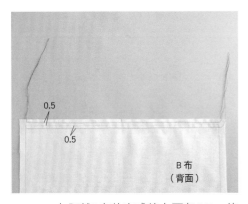

3 在距離B布的完成線上下各0.5cm的位置進行車縫。
起縫處及止縫處留下長一點的線頭備用。

4 將下線2條一起拉出皺褶。

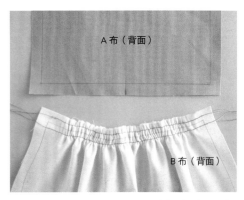

5 另一側也依相同方法拉出皺褶,調整成與A布相同的長度。

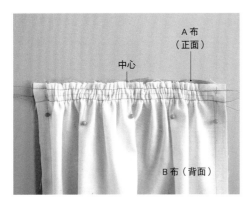

6 將A布及B布正面相對疊合,將兩端及中心固定(紅色珠針),一邊將皺褶保持均勻地調整,一邊在其間固定(藍色珠針)。

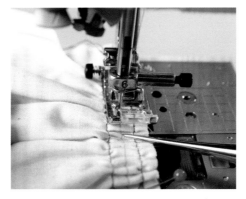

7 將縫線張力特性及針目調回成一般的設定,進行車縫完成線,為了避免皺褶歪斜,使用錐子一邊調整一邊車縫。

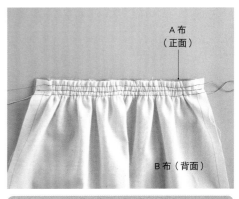

車縫完成

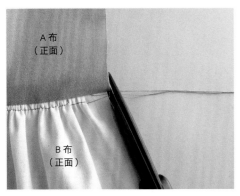

8 剪掉多餘的縫線。

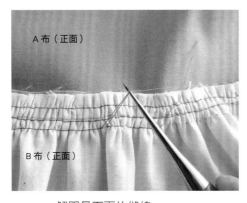

9 解開最下面的縫線。

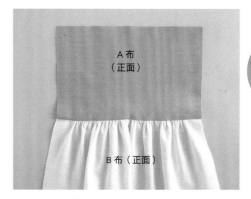

10 完成。

縮褶較短的情況

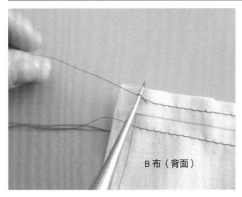

1 在距離B布的完成線上下各0.5cm的位置進行車縫,以錐子拉出下線。

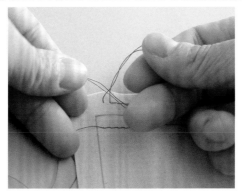

2 將上線及下線2條一起打結固定(下側的縫線也以相同方式打結)。

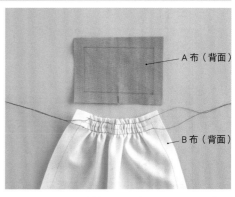

3 從另一側拉線作出縮褶,調整成與A布相同的長度。

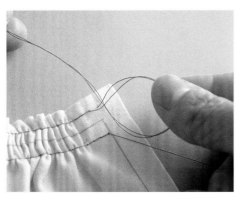

4 步驟1相同的方法拉出下線,將2條線一起打結固定(下側縫合處的縫線也以相同方式打結)。

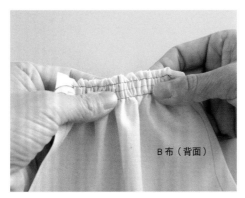

5 將縮褶調整成均勻的狀態。

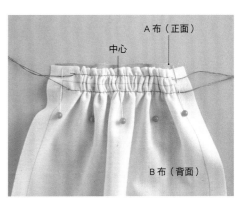

6 將A布及B布正面相對疊合,先將兩端及中心固定(紅色珠針),再一邊將縮褶調整均勻,一邊在其間固定(藍色珠針)。以與P.16步驟7至P.17步驟9相同的方式進行車縫。

三角側身

沿用本體布作出側身的方法，即為一般側身的作法。

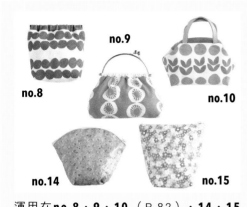

運用在 **no.8・9・10**（P.82）**・14・15**（P.86）的作品上。

1 將2片本體布正面相對疊合，以珠針固定。

2 進行車縫脇邊及底部。

3 將脇邊及底部的縫份燙開（使用袖燙板作業會比較方便）。

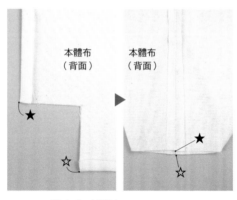

4 將★和☆對齊。

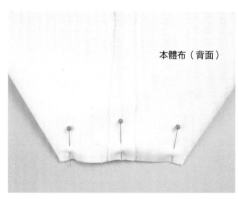

5 以珠針固定。

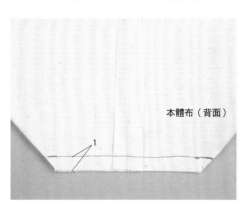

6 進行車縫。

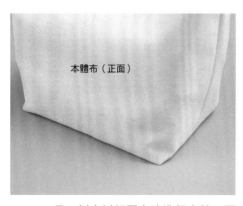

7 另一側也以相同方法進行車縫，再翻至正面。

側看圖

完整側身

以另一塊布料製作側身的方法。
脇邊與底部相連的側身款式。

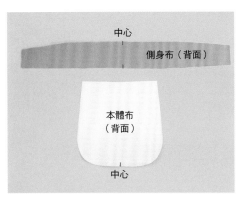

中心
側身布（背面）

本體布
（背面）

中心

1 將本體布及側身布各別畫出合印記號。

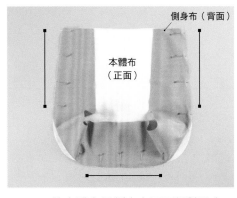

側身布（背面）

本體布
（正面）

2 將本體布及側身布正面相對疊合，先將合印記號及直線部分以珠針固定。

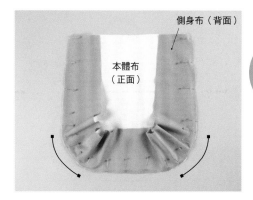

側身布（背面）

本體布
（正面）

3 讓圓弧部分的間距保持窄一點地以珠針固定（藍色珠針）。

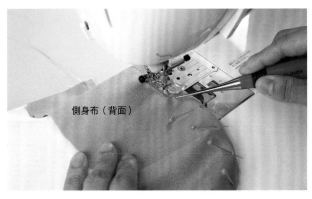

側身布（背面）

4 進行車縫。

POINT
· 將側身布朝上進行車縫。
· 為了避免本體布及側身布的布邊偏離，以錐子一邊按壓一邊進行車縫。
· 為了避免側身布產生打褶的狀況，以錐子一邊按壓一邊進行車縫。
· 若兩片布料容易偏離，疏縫之後再正式進行車縫，會比較容易。

側身布（背面）

本體布
（正面）

1

車縫完成的樣子

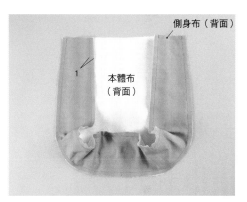

側身布（背面）

1

本體布
（背面）

1

5 另一片本體布也以相同的方法進行車縫。

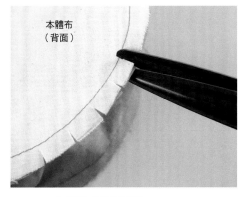

本體布
（背面）

6 在縫份處剪出牙口。

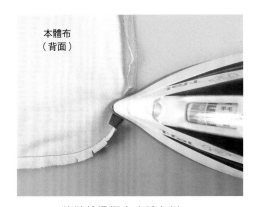

本體布
（背面）

7 將縫份燙摺向本體布側。

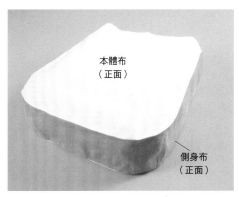

本體布
（正面）

側身布
（正面）

8 翻至正面。

方底

底部為四角形的設計。

運用在**no.4**（P.79）的作品上。

運用在**no.7**（P.81）的作品上。

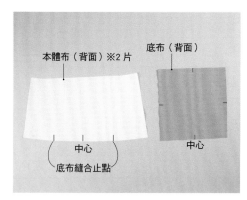

本體布（背面）※2片　底布（背面）

中心　中心

底布縫合止點

1 將本體布及底布各別畫出合印記號。

本體布（背面）

1　1

2 將2片本體布正面相對疊合，再車縫脇邊線。

本體布（背面）

3 燙開縫份（使用袖燙板作業會比較方便）。

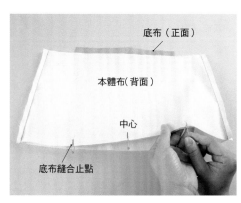

底布（正面）

本體布（背面）

中心

底布縫合止點

4 將本體布及底布正面相對疊合，以珠針固定四角形的一邊。

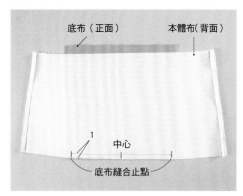

底布（正面）　本體布（背面）

1　中心

底布縫合止點

5 進行車縫。
※從記號位置車縫至記號位置。

POINT

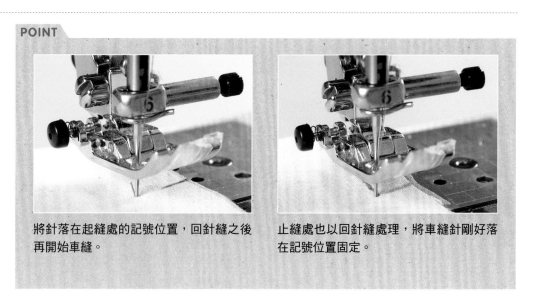

將針落在起縫處的記號位置，回針縫之後再開始車縫。

止縫處也以回針縫處理，將車縫針剛好落在記號位置固定。

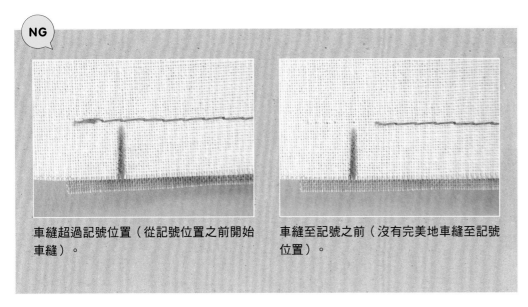

NG

車縫超過記號位置（從記號位置之前開始車縫）。

車縫至記號之前（沒有完美地車縫至記號位置）。

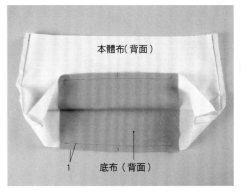

本體布（背面）

底布（背面）

1

6 另一側也以相同的方法，從記號位置車縫至記號位置。

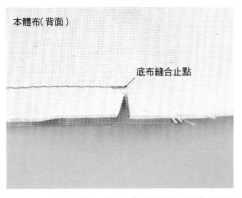

本體布（背面）

底布縫合止點

7 在本體布側上的記號位置剪出牙口。

本體布（背面）

底布縫合止點

底布縫合止點

8 將脇邊線側對齊底布，再以珠針固定。

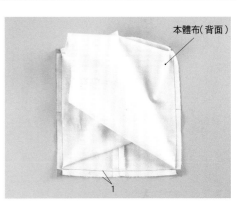

本體布（背面）

1

9 從記號位置車縫至記號位置。另一側也以相同方法進行車縫。

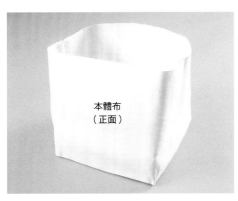

本體布（正面）

10 翻至正面。

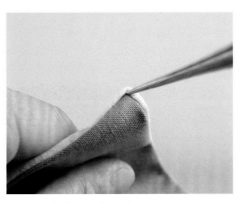

11 以錐子整理邊角。

從底部側看起來的樣子

圓底

底部為圓形的袋形。

使用在**no.11**（P.83）的作品上。

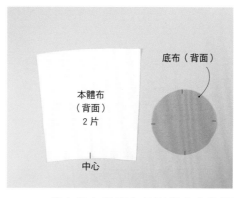

1 將本體布及底布各別畫出合印記號。

2 將2片本體布正面相對疊合，進行車縫脇邊線。

3 燙開縫份（使用袖燙板作業會比較方便）。

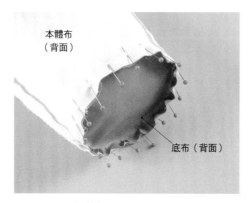

4 將本體布及底布正面相對疊合，先將合印記號部分以珠針固定（紅色珠針）。在其間距離近一點地以珠針固定（藍色珠針）。

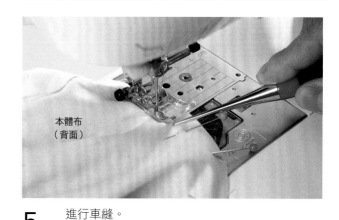

5 進行車縫。

POINT
・將本體布側朝上進行車縫。
・為了避免本體布及底布的布邊偏離，以錐子一邊按壓一邊進行車縫。
・為了避免底布產生打褶的情況，以錐子一邊按壓一邊進行車縫。
・若兩塊布容易偏離，先疏縫再正式進行車縫，會比較方便。

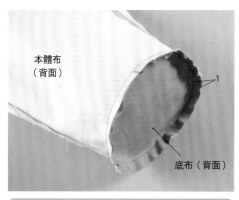

縫合完成

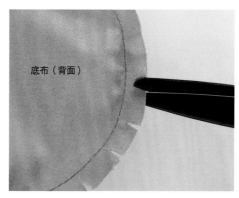

6 在縫份位置剪出牙口。

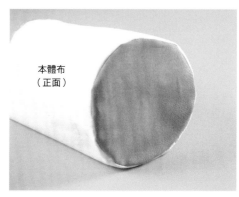

7 翻至正面。

打褶側身

沿用本體布製作側身的作法，使側身的三角部分呈現於表面。

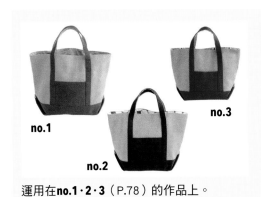

no.1
no.2
no.3

運用在**no.1・2・3**（P.78）的作品上。

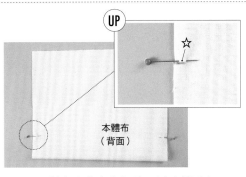

運用在**no.12**（P.84）的作品上。

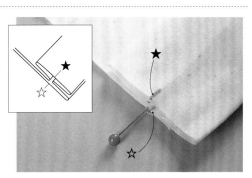

本體布
（背面）

★ ☆ ☆ ★ 底部中心

1 畫出底部中心（★）和當成側身部分（☆）的記號。

本體布
（背面）

☆

底部中心（★）

2 沿著底部中心正面相對對摺。

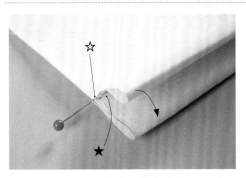

UP

☆

本體布
（背面）

3 對齊☆的合印記號，以珠針固定。

★

☆ ☆

4 將★的記號☆的位置上摺疊。

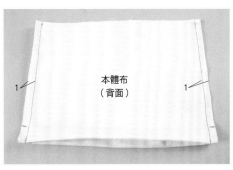

☆

★

5 以珠針為基點，將上方的布料往下摺。

☆

6 以珠針暫時固定重疊的布料。

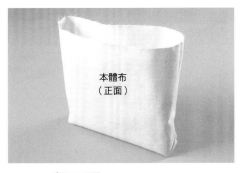

1 本體布
（背面） 1

7 車縫脇邊。

本體布
（背面）

8 燙開縫份。（使用袖燙板作業會比較方便）

本體布
（正面）

9 翻至正面。

側身的三角部分呈現於表面

Part **2**

局部設計的縫法

束口布的作法

包覆包包袋口的束口布。製作束口袋時也可以使用的縫法。

使用在**no.7**（P.81）的作品上。

以拷克機處理縫份的時候

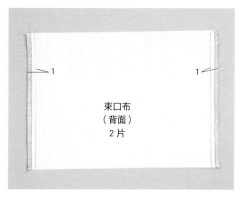

束口布
（背面）
2 片

加上1cm的縫份，從正面側以拷克機車縫布邊。

縫份燙開，以暗針縫合處理時

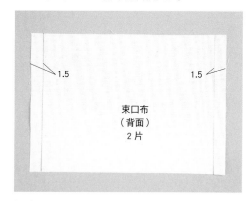

束口布
（背面）
2 片

加上1.5cm的縫份。

A.在表布側製作穿繩口

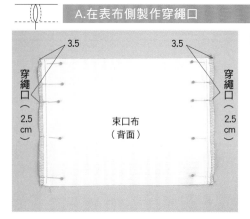

穿繩口
（2.5 cm）

束口布
（背面）

1 畫出穿繩口的記號。將2片束口布正面相對疊合，以珠針固定。

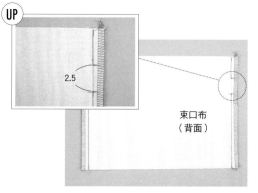

束口布
（背面）

2 留下穿繩口不縫，進行車縫。

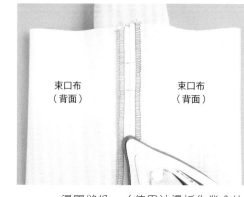

束口布
（背面）　束口布
（背面）

3 燙開縫份。（使用袖燙板作業會比較方便）

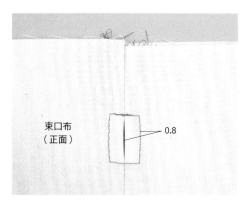

束口布
（正面）

4 在穿繩口部分，從正面側車縫壓線。

將縫份燙開，以暗針縫合處理的時候

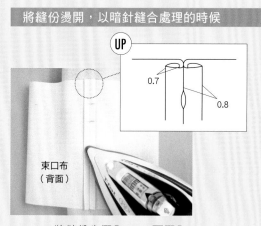

束口布
（背面）

3 將縫份先摺入0.7cm再摺入0.8cm。

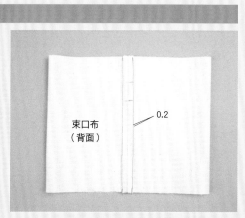

束口布
（背面）

0.2

4 在距離邊緣0.2cm的位置進行車縫。

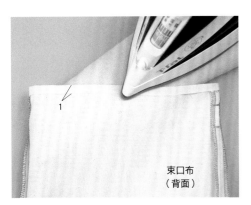

5 將距離上緣1cm的位置以熨斗燙摺。

6 再摺入2.5cm，以熨斗燙摺。

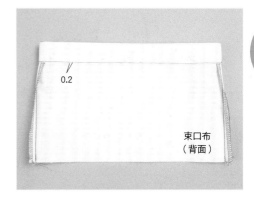

7 在距離布邊0.2cm的位置進行車縫。

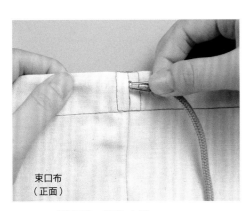

8 從穿繩口穿入束繩。

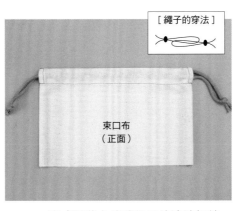

[繩子的穿法]

9 穿成圈狀之後將繩子的邊端打結，另一側也以相同方式穿好。

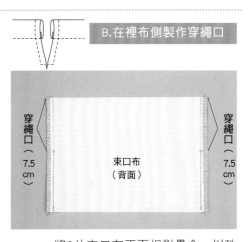

B.在裡布側製作穿繩口

1 將2片束口布正面相對疊合，以珠針固定，留下穿繩口不縫，進行車縫。

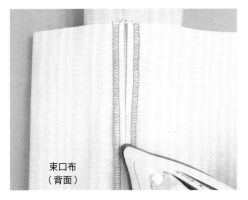

2 燙開縫份。

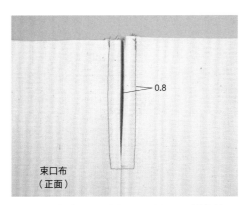

3 在穿繩口的部分，從正面側車縫壓線。

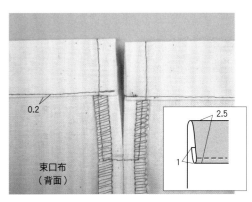

4 先摺入1cm再摺入2.5cm，車縫邊緣（參照A.只有在正面側製作穿繩口的時候的步驟5至9）。

斜紋布條的作法 (滾邊斜紋布條1cm寬)

主要使用滾邊的斜紋布條。將布料裁成斜紋（斜斜的）產生伸縮性，
也可以當成圓弧部分滾邊布的對摺式布條。

使用在 **no.11**（P.83）的作品上。

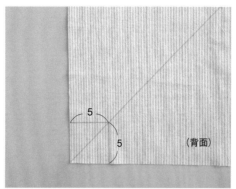

1 以畫出5×5cm的正方形，再畫出一
條對角線（拉出45℃的直線）。

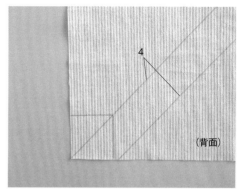

2 對著步驟**1**的線條，拉出一條想要
製作的斜紋布條的寬度（完成寬度
的4倍）、的平行線（圖中布條完
成寬度為1cm）。

3 沿著記號裁剪。

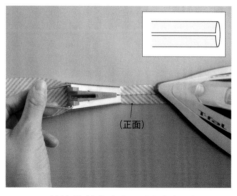

4 將邊緣對齊中心，以熨斗燙摺。
※ 若使用滾邊器，操作更為簡單。

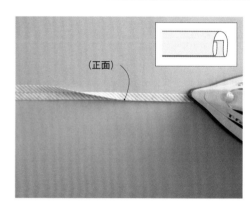

5 熨燙縫份。

想要製作長一點的斜紋布條

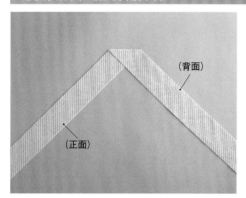

1 以上方標示的步驟**1**至**3**相同的方法
裁剪，再將2片布條的邊緣正面相
對疊合。

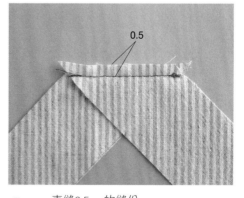

2 車縫0.5cm的縫份。

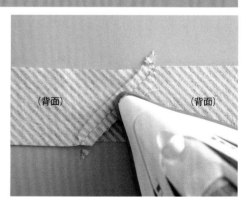

3 燙開縫份，剪掉超出邊緣的部分。
並以和上方標記的步驟**4**、**5**相同的
方法製作。

斜紋布條的縫法

使用在**no.11**（P.83）的作品上。

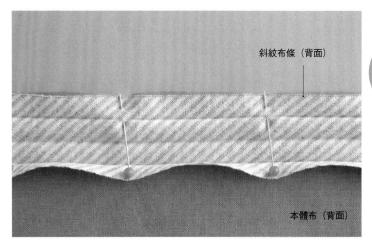

1 將斜紋布條及布邊對齊，以珠針固定。

斜紋布條（背面）

本體布（背面）

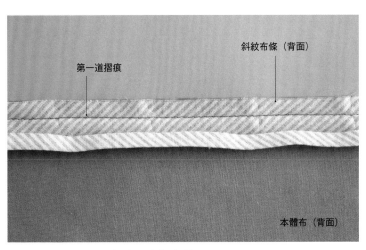

第一道摺痕

斜紋布條（背面）

本體布（背面）

2 沿著第一道摺痕，進行車縫。

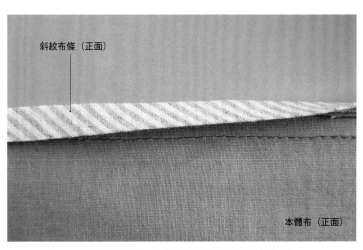

斜紋布條（正面）

本體布（正面）

3 翻至正面，將步驟**2**車縫過的位置隱藏似地包住。

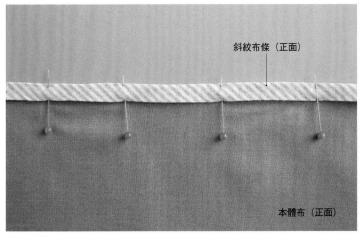

斜紋布條（正面）

本體布（正面）

4 以珠針固定。

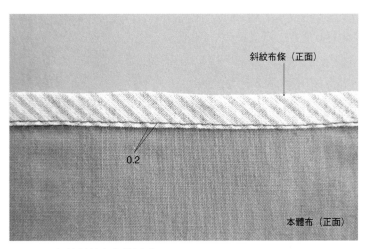

斜紋布條（正面）

0.2

本體布（正面）

5 車縫斜紋布條的邊緣。

滾邊織帶的縫法

使用綾紋織帶處理布邊的方法。

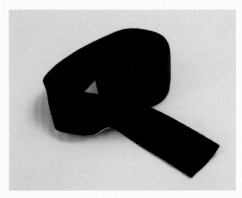

[綾紋織帶]
V字形的織紋為其特色的織帶。牢固又耐用。

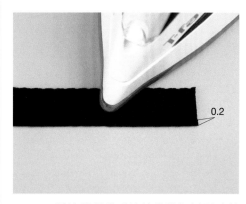

1 將滾邊織帶（綾紋織帶）以熨斗對摺燙成偏離成0.2cm左右的位置。

0.2

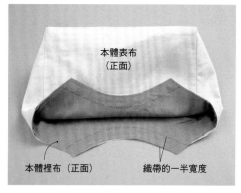

2 在本體裡布的織帶縫合位置，畫出織帶一半寬度的記號。

本體表布（正面）

本體裡布（正面）　織帶的一半寬度

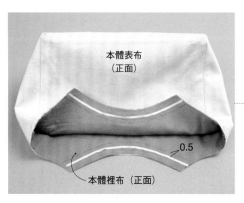

3 在記號內側0.5cm的位置貼上暫時固定膠帶。

本體表布（正面）

0.5

本體裡布（正面）

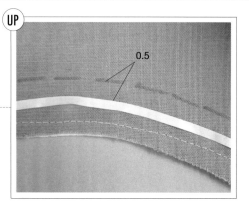

UP

0.5

若車縫在膠帶上，黏膠會黏在車縫針上，成為斷線的原因，因此，將膠帶貼在比車縫部分（步驟2畫出的記號）稍微內側的位置上。

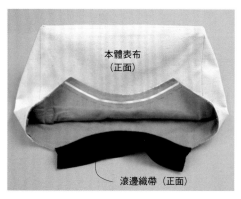

4 對齊步驟**2**的記號，貼上滾邊織帶（短0.2cm的那一側）。

本體表布（正面）

滾邊織帶（正面）

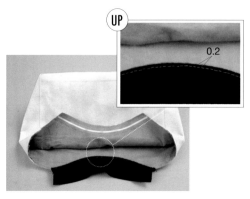

5 車縫邊緣。

UP

0.2

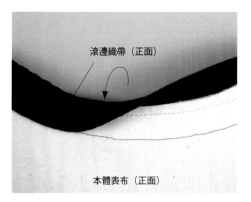

6 將滾邊織帶翻至正面側，像隱藏步驟**5**的車縫位置似地包住。

滾邊織帶（正面）

本體表布（正面）

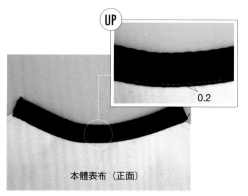

7 車縫滾邊織帶的邊緣。

UP

0.2

本體表布（正面）

將織帶延續作成提把

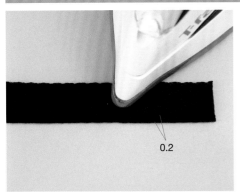

1 準備必要分量的滾邊織帶,將滾邊織帶距邊0.2cm以熨斗燙摺。

※滾邊織帶的長度=(提把的長度×2)+(滾邊部分的長度×2)+縫份2cm

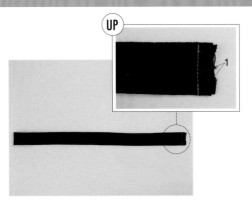

2 正面相對對摺,進行車縫。

3 將縫份燙開。

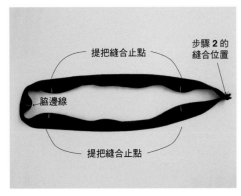

4 以步驟**2**車縫的縫合位置當成其中一邊的脇邊線,另一側則是另一邊的脇邊線,再畫出提把縫合止點位置的記號。

※各別測量紙型的尺寸畫出記號。

5 將已經縫在本體布的滾邊織帶的邊緣剪掉備用。

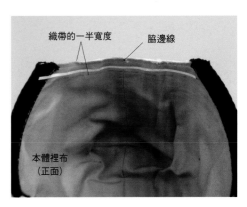

6 在本體裡布側上畫出織帶一半寬度的記號,在記號內側0.5cm的位置貼上暫時固定膠帶。(參照P.28步驟**2**、**3**)

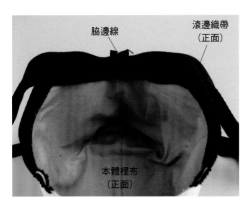

7 對齊脇邊線、提把縫合止點的位置,將滾邊織帶的邊緣對齊完成線貼合。

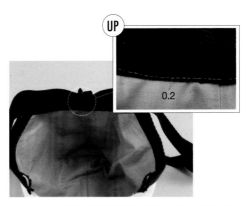

8 車縫滾邊織帶的邊緣,另一側也以相同方法車縫。

※特別留意不要扭轉織帶。

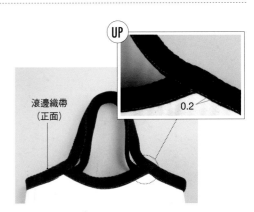

9 將滾邊織帶翻至正面側,好像隱藏步驟**8**車縫的位置似地包住,持續車縫提把部分。

滾邊繩的作法

放入芯的滾邊裝飾的織帶。
經常用於製作小包或抱枕的邊緣設計。

放入中間的芯為圓繩。從細款至粗款的樣式多元，請根據用途選擇。

1 將布料裁成斜紋布條。（裁剪的方法請參照P.26步驟 **1**至**3**）

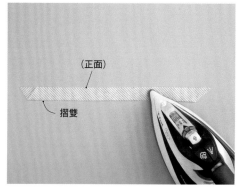

2 以熨斗對半燙摺。

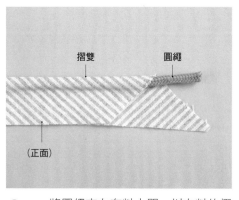

3 將圓繩夾在布料中間，以布料的摺山處夾住。

4 車縫圓繩的邊緣。
※若使用單邊壓布腳（拉鍊壓布腳），較為便於車縫。

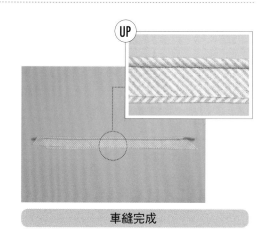

車縫完成

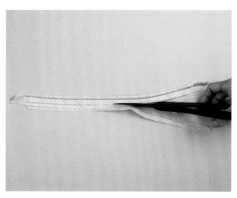

5 距離步驟**4**的車縫位置，留下縫合滾邊繩需要的縫份尺寸，將多餘的布料剪掉。

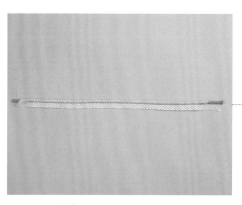

6 完成。

滾邊繩的縫法

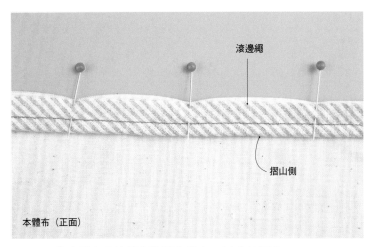

滾邊繩

摺山側

本體布（正面）

1 將本體布及滾邊繩的邊緣對齊，以珠針固定。

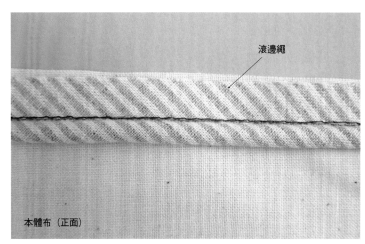

滾邊繩

本體布（正面）

2 在滾邊繩的縫合位置（紅色車縫位置）的上方0.1cm處進行車縫（綠色車縫位置）。

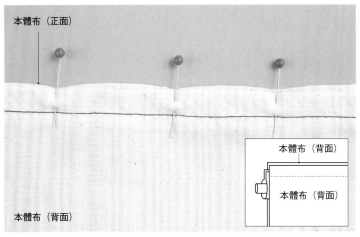

本體布（正面）

本體布（背面）

本體布（背面）

本體布（背面）

3 將可以看見步驟 **2** 的車縫位置（綠色車縫位置）那一側朝上，下方與另一片本體布正面相對疊合。

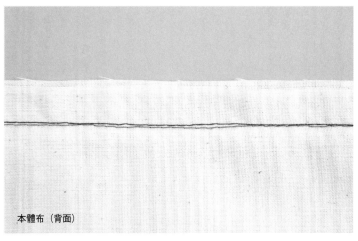

本體布（背面）

4 在步驟 **2** 的車縫位置（綠色車縫位置）下方 0.1cm 處進行車縫（紅色車縫位置）。

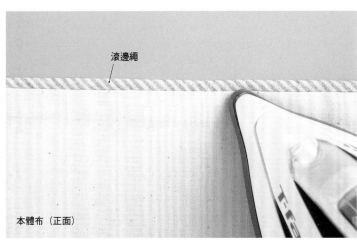

滾邊繩

本體布（正面）

5 翻至正面，以熨斗整燙。

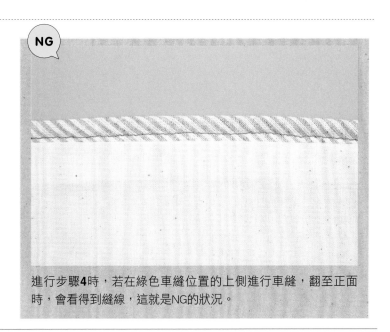

NG

進行步驟**4**時，若在綠色車縫位置的上側進行車縫，翻至正面時，會看得到縫線，這就是NG的狀況。

口袋

對於包包來說，口袋是不可或缺的零件。
不管是簡單的扁平款或附上拉鍊的經典款，各式各樣的口袋種類應有盡有。

內口袋（扁平款）

最基本又簡單製作的口袋。任何包包都適用的口袋形狀。

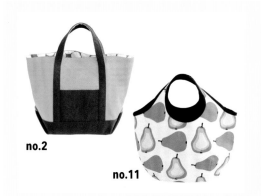

no.2

no.11

使用在no.2（P.78）・11（P.83）的作品上。

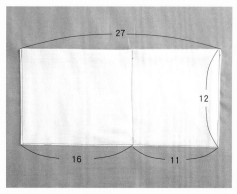

27

12

16   11

［口袋的完成尺寸］

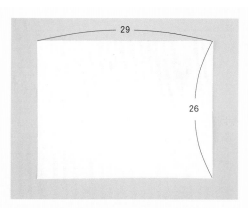

29

26

［準備布料的尺寸］

（背面）

1

1 將寬邊的那一側摺入1cm。

（背面）

摺雙

2 正面相對對摺。

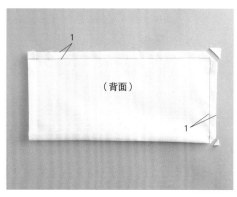

1

（背面）

1

3 進行車縫L字形，再剪掉邊角的縫份。

（正面）

4 從步驟 1 摺入的那一側翻至正面，以熨斗整燙。

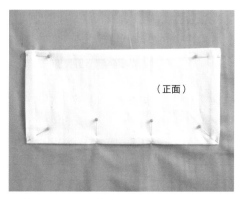

（正面）

5 重疊在口袋縫合位置上，以珠針固定。

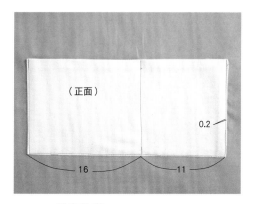

（正面）

0.2

16   11

6 進行車縫。
（此處標記的尺寸可以更換成個人喜好的尺寸）

內口袋（打褶款）

附有打褶的設計，用來放入厚一點的物品格外便利。

使用在**no.3**（P.78）的作品上。

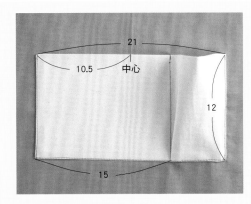

[口袋的完成尺寸]

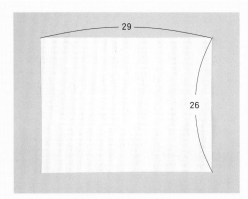

[準備布料的尺寸]

Part
3

口袋

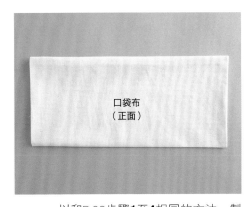

1 以和P.32步驟**1**至**4**相同的方法，製作口袋。

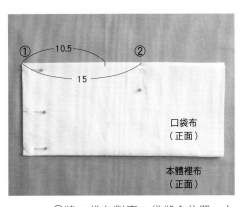

2 ①將口袋布對齊口袋縫合位置，在左邊以珠針固定。
②在打褶的位置以珠針固定。

3 將口袋布右邊對齊另一側的口袋縫合位置，以珠針固定。

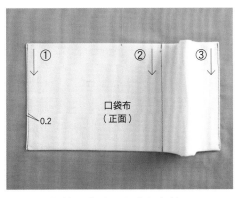

4 根據圖中的順序進行車縫。

5 將打褶的摺山處沿著②－③的車縫位置均等地摺疊，以珠針固定。

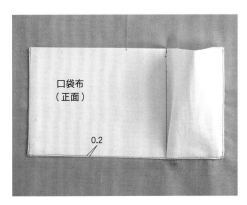

6 車縫下側。

內口袋（吊掛款）

將口袋的袋口夾入縫上的內口袋。
用於無製作裡布的包包，不想讓口袋的縫合位置出現在正面的時候。

使用在**no.7**（P.81）的作品上。

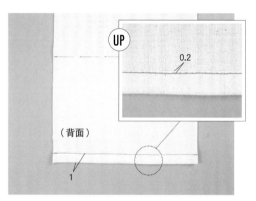

[口袋的完成尺寸]

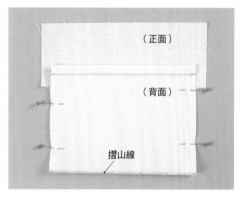

[準備布料的尺寸]

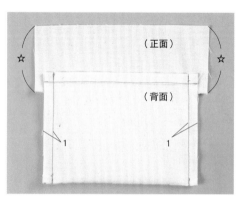

1 將邊緣摺入1cm，再摺入1cm。

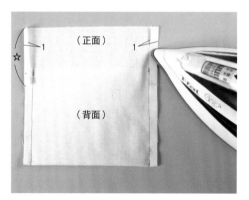

2 車縫步驟**1**摺入的邊緣。

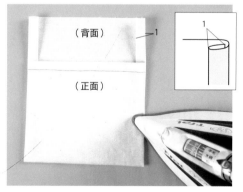

3 根據摺山線正面相對對摺。

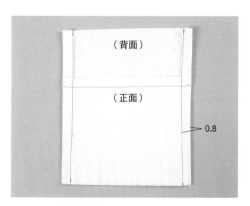

4 車縫兩邊（至袋口為止）。

5 將☆部分往裡側摺入1cm。

6 翻至正面。

7 車縫邊緣。

縫上拉鍊的口袋①

在袋口縫上拉鍊,很方便的口袋設計。

運用在**no.1**(P.78)的作品上。

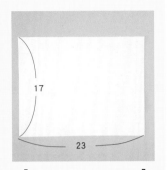

※使用20cm的拉鍊。

[口袋的完成尺寸]

15
21

[準備布料的尺寸]

17
23

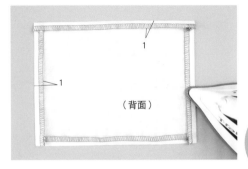

1 將縫份的邊緣以拷克機進行車縫,再以熨斗燙摺。

1

（背面）

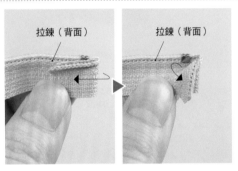

拉鍊(背面)　拉鍊(背面)

2 將拉鍊的邊端摺成三角形。

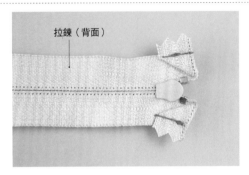

拉鍊(背面)

3 車縫邊緣。

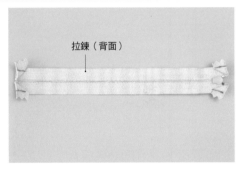

拉鍊(背面)

4 下方固定側也以相同的方式進行車縫。

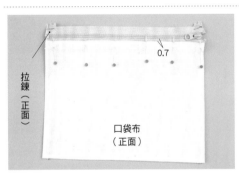

拉鍊(正面)

口袋布(正面)

0.7

5 將口袋布重疊在拉鍊上,再將口袋布的布邊在距離拉鍊齒的中心0.7cm的位置對齊,以珠針固定。

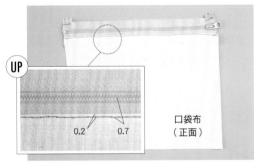

UP

口袋布(正面)

0.2　0.7

6 將縫紉機的壓布腳換成單邊壓布腳(拉鍊壓布腳),再車縫布邊。

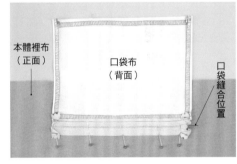

本體裡布(正面)

口袋布(背面)

口袋縫合位置

7 將拉鍊齒的中心及本體裡布的口袋縫合位置正面相對疊合,以珠針固定。

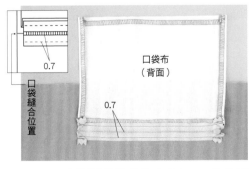

0.7

口袋縫合位置

口袋布(背面)

0.7

8 在距離拉鍊齒的中心0.7cm的位置進行車縫。

口袋布(正面)

9 將口袋布翻至正面,對齊口袋縫合位置,以珠針固定。

0.2

口袋布(正面)

10 車縫口袋布的三邊。

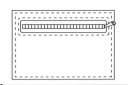

縫上拉鍊的口袋②

將口袋布剪出切口，再縫上拉鍊的款式。

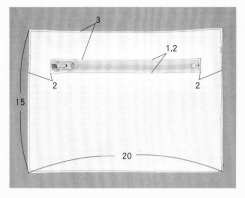

[口袋的完成尺寸]
※ 使用 15cm 的拉鍊。

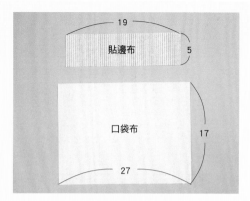

[準備布料的尺寸]

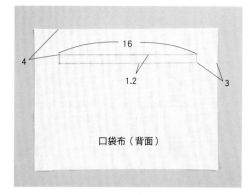

1 在口袋布上畫出拉鍊縫合位置的記號。

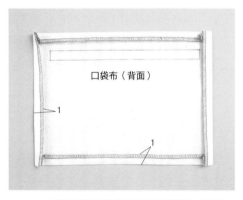

2 將縫份的邊緣以拷克機進行車縫，再以熨斗燙摺。

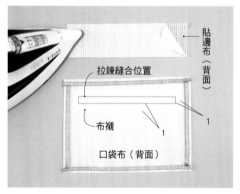

3 將貼邊布與口袋布的拉鍊縫合位置（比拉鍊縫合位置四周大1cm）貼上布襯。

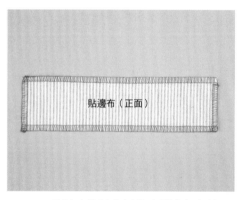

4 貼邊布的邊緣以拷克機進行車縫。

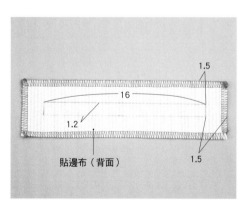

5 在貼邊布的背面側上，畫出拉鍊縫合位置的記號。

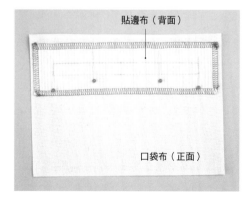

6 將貼邊布與口袋布正面相對疊合，並對齊拉鍊縫合位置，以珠針固定。

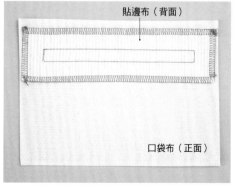

7 沿著記號進行車縫。

Part
3

口袋

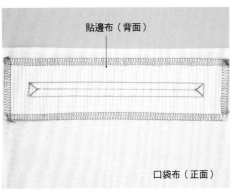

8 畫出箭頭符號的記號。

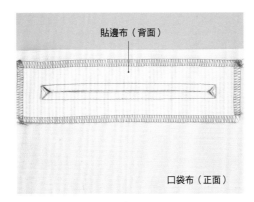

9 沿著記號剪出切口。

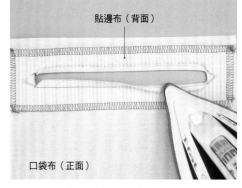

10 將縫份往記號外側摺。

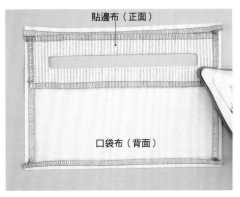

11 將貼邊布翻至正面。

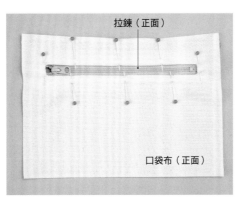

12 將拉鍊從背面側對齊拉鍊縫合位置，以珠針固定。

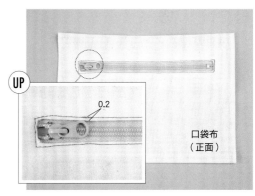

13 將縫紉機的壓布腳換成單邊壓布腳（拉鍊壓布腳）備用，再車縫拉鍊縫合位置的四周。

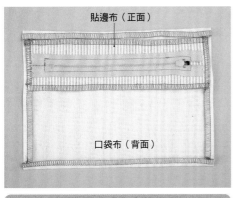

從背面側看起來的樣子

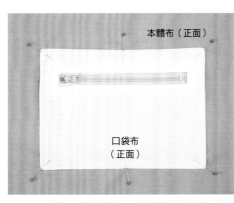

14 將口袋布對齊口袋的縫合位置，以珠針固定。

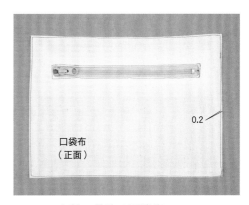

15 車縫口袋的四周邊緣。

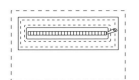

縫上拉鍊的口袋③

在拉鍊的四周縫上皮革的款式。操作手法很簡單，是經典的設計。

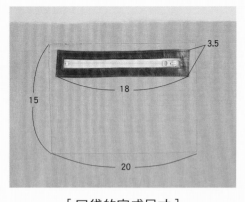

[口袋的完成尺寸]
※ 使用 15cm 的拉鍊。

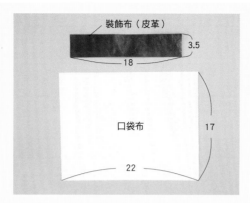

[準備布料的尺寸]

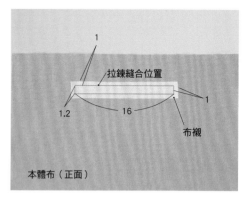

1 從正面側貼上比起拉鍊縫合位置四周大1cm的布襯。

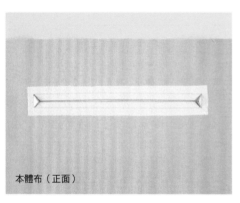

2 在拉鍊縫合位置畫出箭頭符號的記號，再沿著記號剪出切口。

3 沿著拉鍊縫合位置的記號，以熨斗往正面側燙摺。

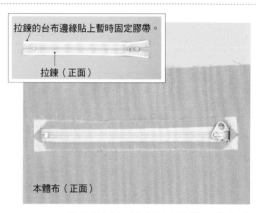

4 將拉鍊貼上暫時固定膠帶，從本體布的背面側重疊貼上暫時固定。

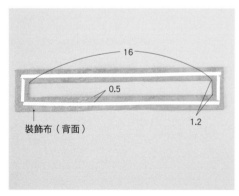

5 將裝飾布的拉鍊縫合位置挖空。在內側0.5cm的位置貼上暫時固定膠帶。

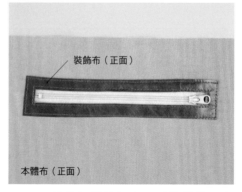

6 將縫紉機的壓布腳（鐵弗龍壓布腳）、車縫線和車縫針皆換成皮革專用，撕下暫時固定膠帶的背紙，對齊拉鍊縫合位置，貼上裝飾布，車縫四周。

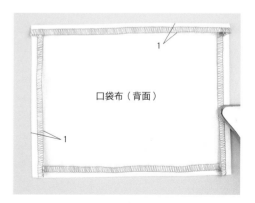

7 將口袋布的邊緣以拷克機進行車縫，再以熨斗燙摺縫份。

8 將口袋布對齊本體布背面側的口袋縫合位置，以珠針固定。

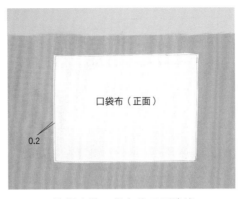

9 進行車縫口袋布的四周邊緣。

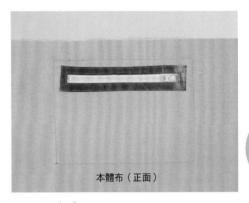

10 完成。
從正面側看起來的樣子。

皮革口袋

使用皮革製作口袋，不需要特別收邊，在此介紹裁剪後直接車縫的簡單款式。

使用在**no.4**（P.79）的作品上。

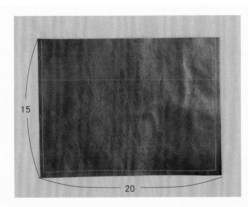

[口袋的完成尺寸]

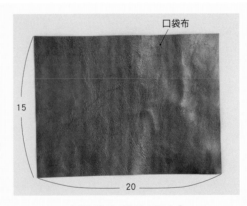

[準備皮革的尺寸]

1 將皮革的三邊貼上暫時固定膠帶。

2 將口袋布貼在本體布的口袋縫合位置上（沒有貼上暫時固定膠帶的那一邊朝上）。

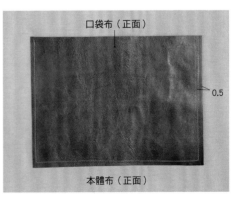

3 將縫紉機的壓布腳（鐵弗龍壓布腳）、車縫線及車縫針皆換成皮革用。在距邊0.5cm的位置進行車縫。

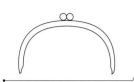

口金

附有扭轉釦環設計的口金。原本是以可以放零錢的形狀為一般尺寸，現在則有各式各樣的形狀和尺寸，可以應用在印鑑收納盒、眼鏡盒、化妝包等廣泛的作品製作上。

使用在**no.16・17**（P.87）的作品上。
※本體布的設計、作法有所差異。

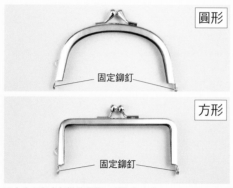

圓形

固定鉚釘

方形

固定鉚釘

口金也有各式各樣的種類、形狀和大小。
基本的形狀如圖中的「圓形」和「方形」。
根據口金形狀的不同，使用的紙型也會有所差異，因此，請特別留意喔！

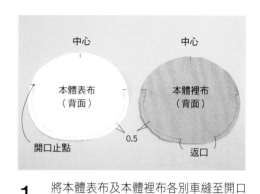

中心　　　中心

本體表布
（背面）

本體裡布
（背面）

開口止點　　0.5　　返口

1 將本體表布及本體裡布各別車縫至開口止點（將本體裡布留下返口）。
※若使用薄布料，則將本體表布的背面側貼上布襯。

2 使用袖燙板，燙開縫份。
※本體裡布也以相同的方法製作。

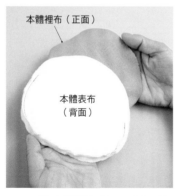

本體裡布（正面）

本體表布
（背面）

3 將本體裡布翻至正面，放入本體表布中。

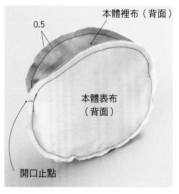

本體裡布（背面）

0.5

本體表布
（背面）

開口止點

4 車縫開口止點以上的部分。

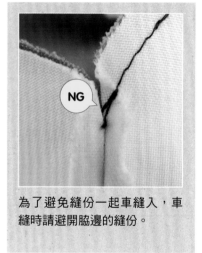

NG

為了避免縫份一起車縫入，車縫時請避開脇邊的縫份。

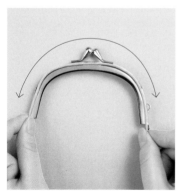

5 將紙繩對齊口金的外圍（到固定鉚釘的位置為止），剪出2條相同尺寸的紙繩。

6 將紙繩反向捲鬆。
（此步驟是為了增加紙繩的厚度）

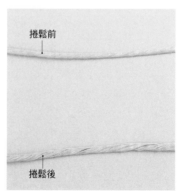

捲鬆前

捲鬆後

7 上面是沒有捲鬆前的紙繩。下方則是捲鬆後的紙繩。捲鬆這個步驟可以讓紙繩變粗。

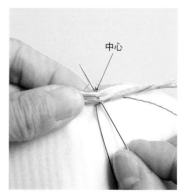

中心

8 在步驟**4**車縫的縫份位置上，將紙繩及本體布的中心對齊。將中心部分縫合固定於本體布上。

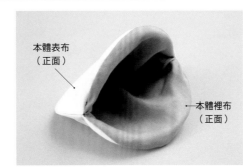

9 開口止點的位置也以相同的方法縫合固定（共計3個位置）。另一側亦以相同的方法縫合。

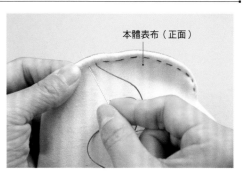

10 從返口翻至正面，再將本體裡布放入本體表布中。

11 一邊將紙繩盡可能往布料的上端收緊，一邊縫合紙繩的邊緣處。

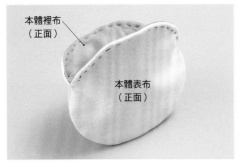

12 另一側也以相同的方法縫合。

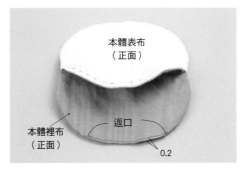

13 翻出本體裡布，進行車縫返口。

14 只有在口金的邊端部分，以一字螺絲起子將本體布塞入。

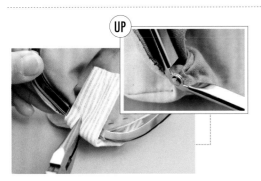

15 將邊端部分像壓住口金內側似地以鉗子壓緊（為了避免損壞口金，夾上一塊布再操作）。剩下的3個位置也以相同的方法壓緊。

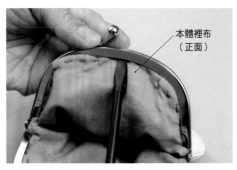

16 將口金中心及本體布的中心對齊，以錐子或一字螺絲起子將本體布塞進口金的溝槽。

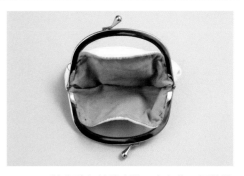

17 將本體布整體塞進口金之後，再將除了步驟15壓緊口金以外的部分取下。

18 將口金的溝槽塗上薄薄的白膠，以錐子或竹籤均勻地塗上。

19 使用一字螺絲起子等工具將本體布再度塞進口金。

20 擦拭溢出口金溝槽的白膠，以錐子整理袋形。

Part 4 各式口金

鋁口金

如同醫生包的設計，屬於大開口型的口金。可以螺絲簡單地安裝，製作非常方便。

運用在 **no.10**（P.82）的作品上。
※本體布的作法請參照P.97。

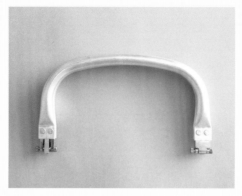

[鋁口金（鋁彈簧口金）]
以鋁製作而成的口金。尺寸及種類很多，可用來作成小包或包包都可以。

1 打開口金，取下螺絲。

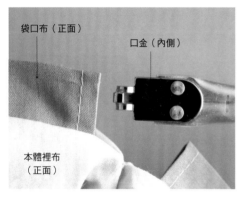

袋口布（正面）

口金（內側）

本體裡布（正面）

2 將口金穿過袋口布。
※穿過時注意金屬的方向（螺絲穿過的部分即為本體裡布側）。

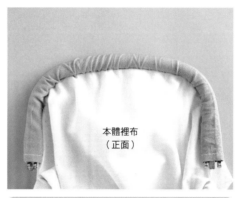

本體裡布（正面）

穿過口金的樣子

本體裡布（正面）

3 以相同方法穿過另一側的口金。

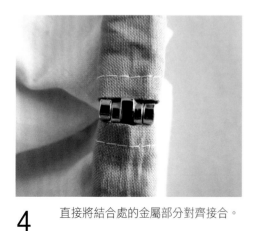

4 直接將結合處的金屬部分對齊接合。

5 將長螺絲從外側插入。

6 將短螺絲從內側插入固定。另一側也採用相同的方法以螺絲固定。

彈簧口金

以手指按壓口金的左右兩側即可打開的口金設計。適合用來製作小包或小型的斜背包。

運用在 **no.8**（P.82）的作品上。
※本體布的作法請參照P.96。

[A.以螺絲固定款]

將螺絲插入口金藉此固定的款式。將固定針插進口金的其中一側，另一側再插入附屬的螺絲。

[A.插入金屬針款]

固定針插入口金藉此固定的款式。固定針的上部呈現圓圈狀，可以當成吊環使用，用來裝上鍊子或是提把。

A. 以螺絲固定款的裝法

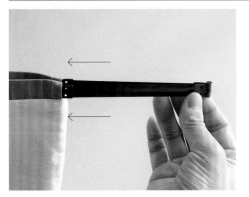

1 將沒有裝上螺絲那一邊的2條金屬零件同時從口金穿入口穿入。

2 將邊端的金屬零件對齊。

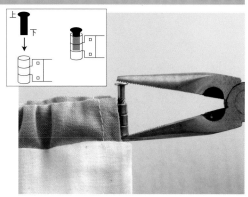

3 以鉗子將附屬的螺絲插至下方。
※注意不要搞錯螺絲的上下位置。

B. 插入金屬針款的裝法

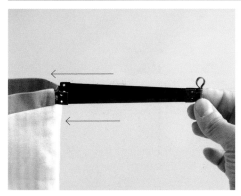

1 將沒有裝上固定針那一邊的2條金屬零件同時從口金穿入口穿入。

2 插入固定針，以鉗子將前端彎成圈狀。

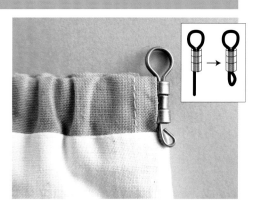

3 完成。

便利口金

口金的結構相同，附上提把的設計，是一款實用的口金。
安裝方法非常簡單，十分適合初學者。

運用在**no.9**（P.82）的作品上。
※本體布的作法請參照P.97。

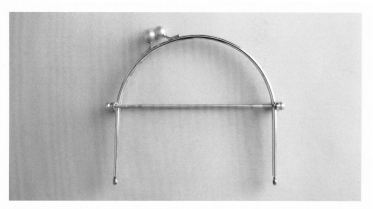

[便利口金]
口金和提把一體成型的口金設計。
將袋口布穿過橫向的金屬棒，會產生自然的皺褶，可以作出蓬蓬的可愛袋形。

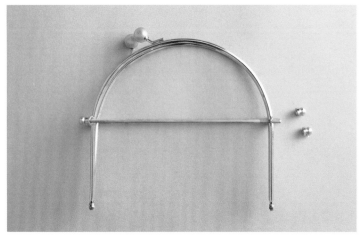

1 取下其中一邊的螺絲。

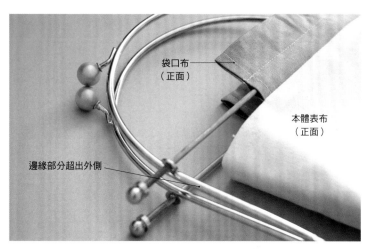

袋口布（正面）

本體表布（正面）

邊緣部分超出外側

2 將袋口布穿過口金的棒子部分。

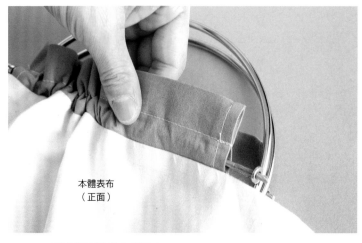

本體表布（正面）

3 將金屬零件插入棒子上。

本體表布（正面）

4 鎖上螺絲固定。

拉鍊

各式各樣的拉鍊縫法。根據用途或設計試著變化使用吧!

拉鍊的基礎知識

一起來學習拉鍊的各部位名稱、種類等拉鍊的基礎知識吧!

各部位的名稱

上止
滑軸
拉頭
拉鍊齒
底布
下止

拉鍊尺寸

單邊壓布腳(拉鍊壓布腳)

車縫拉鍊的時候,將縫紉機的壓布腳換成單邊壓布腳(拉鍊壓布腳)。壓布腳可以左右移動,因此可配合想要縫合的位置,移動壓布腳,沿著拉鍊齒的邊緣進行車縫。車縫滾邊繩的時候也可以使用。

※根據縫紉機的機種不同,壓布腳形狀也會有所差異。請確認手邊的縫紉機選用合適的壓布腳。

拉鍊的種類

拉鍊具有服裝用或包包用等不同種類,用途、尺寸或種類都很豐富。

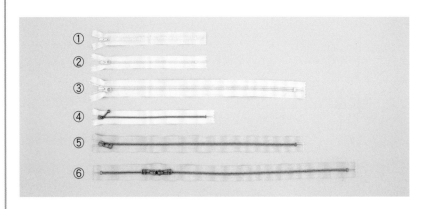

① 平織紋拉鍊
　將拉鍊齒編入底布的拉鍊。屬於薄薄的、軟軟的材質,最適合用來製作小包或服裝。

② 3圈拉鍊
　以樹脂作出的拉鍊齒形成圈狀的拉鍊。
　適合用來製作小包或是小一點的包包。

① 5圈拉鍊
　比起3圈拉鍊,拉鍊齒比較粗,長度也比較長,適合用來製作大一點的包包。

① 3G拉鍊
　拉環有圓球裝飾的金屬拉鍊。經常用在小包等作品上。

① 金屬拉鍊
　以金屬作成拉鍊齒的拉鍊。耐用具有強度。最適合用來製作大一點的包包或運動風的包包。

① 雙開式拉鍊
　附有2個滑軸,兩側皆可以拉開的拉鍊。適合用來製作單肩背包或後背包。

邊端的處理方法

雖然作品的款式各有差異,但先使用以下的方法處理拉鍊的邊端,完成的作品會更漂亮。

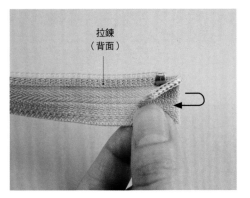

拉鍊
(背面)

1 將底布的邊端往背面側摺。

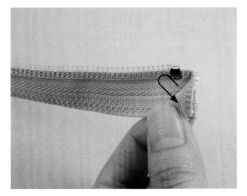

2 再往靠近自己那一側摺成三角形。

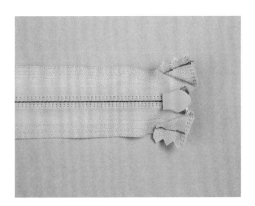

3 車縫邊端。

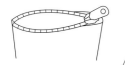

縫上拉鍊① （夾入本體表布及本體裡布之間・拉鍊與本體布的長度相同）

這個方法用在本體裡布沒有縫上貼邊布的包包款式上。

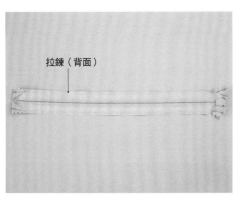

拉鍊（背面）

1 將拉鍊的邊端摺成三角形，進行車縫（參照P.45）。
※4個位置皆以相同的方法進行車縫。

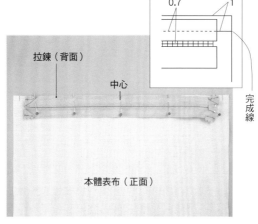

拉鍊（背面）

中心

本體表布（正面）

完成線

2 將拉鍊與本體表布的中心對齊，以珠針固定。
（將拉鍊齒在距離完成線0.7cm的位置上對齊）

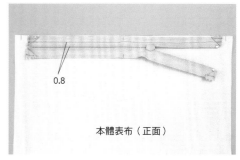

0.7　1

0.8

本體表布（正面）

3 在距離拉鍊齒的中心0.8cm的位置（完成線外側0.1cm）上疏縫固定。

POINT
・將縫紉機的壓布腳換成單邊壓布腳（拉鍊壓布腳）。
・將滑軸稍微拉下，以這個狀態開始進行車縫，車縫到滑軸的位置之後，將壓布腳抬起，拉上滑軸後繼續車縫。

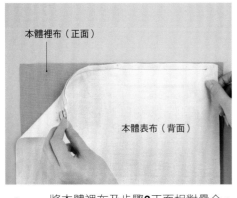

本體裡布（正面）

本體表布（背面）

4 將本體裡布及步驟**3**正面相對疊合。

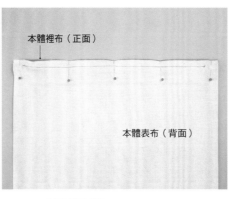

本體裡布（正面）

本體表布（背面）

5 以珠針固定。

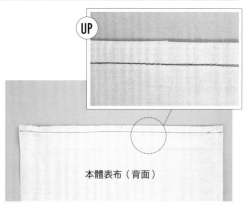

UP

本體表布（背面）

6 在步驟**3**車縫的位置（紅色縫線）下方0.1cm的位置進行車縫（綠色縫線）。

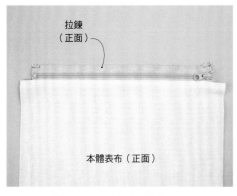

拉鍊（正面）

本體表布（正面）

7 翻至正面，以熨斗整燙。

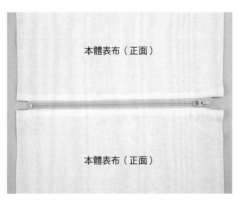

本體表布（正面）

本體表布（正面）

8 另一側也以相同的方法進行車縫。

本體完成

縫上拉鍊② （夾入本體表布及本體裡布之間，拉鍊比本體布長一點）

這個縫法用在裡布沒有縫上貼邊布的包包，將拉鍊的下固定側留長一點。因為開口很大，適合用在小一點的包包設計上。

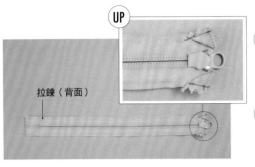

1 將拉鍊的上固定側摺成三角形，進行車縫（參照P.45）。

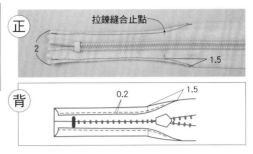

2 從拉鍊的下固定側到拉鍊縫合止點前方1.5cm的台布，摺出2cm的寬度，進行車縫邊緣。
※車縫之前先摺出褶痕。

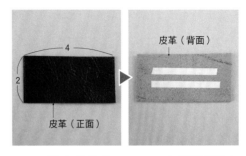

3 將皮革裁成2×4cm，在背面側貼上暫時固定膠帶。

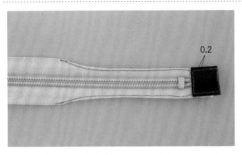

4 以皮革夾住拉鍊的下固定側的邊端，以膠帶貼合，再進行車縫四周邊緣。

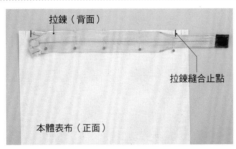
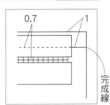

5 對齊本體布的拉鍊縫合止點位置，將拉鍊和本體布正面相對疊合，再以珠針固定。

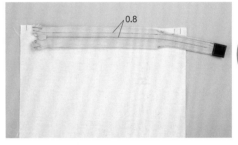

6 在距離拉鍊齒的中心0.8cm的位置，疏縫至拉鍊縫合止點暫時固定。

POINT
- 將縫紉機的壓布腳換成單邊壓布腳（拉鍊壓布腳）。
- 將滑軸稍微拉下，以這個狀態開始車縫，車縫至滑軸的位置之後，將壓布腳抬起，拉上滑軸繼續車縫。

7 步驟**6**重疊在本體裡布上。

8 以珠針固定。

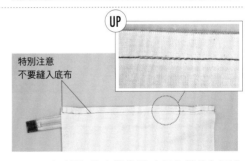

9 在步驟**6**的車縫位置（紅色縫線）下方0.1cm的位置進行車縫（綠色縫線）。

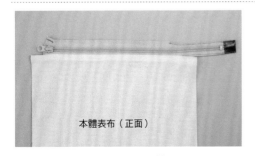

10 翻至正面，以熨斗整燙。

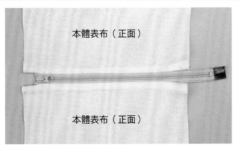

11 另一側也以相同的方法進行車縫。

本體完成

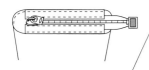

縫上拉鍊③（縫在口布上・夾入本體表布及本體裡布之間）

因為縫上口布的設計，袋口部分也可以當成側身，可以放入很多物品。
適合用在大容量的托特包等作品的設計上。

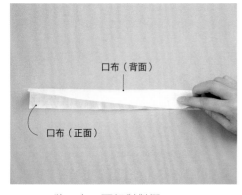

1 將口布正面相對對摺。
※將口布的長度剪得比拉鍊短一點。

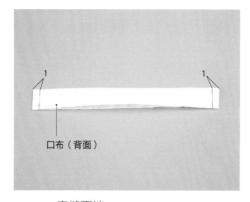

2 車縫兩端。

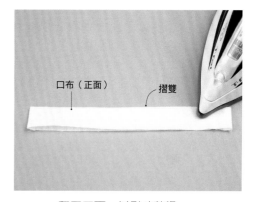

3 翻至正面，以熨斗整燙。

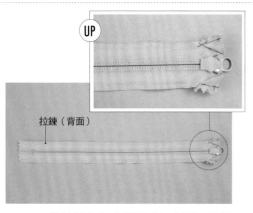

4 將拉鍊的上止側摺成三角形，進行車縫（參照P.45）。

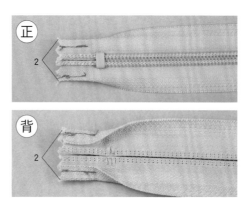

5 將下止側的底布摺成2cm寬，進行車縫。

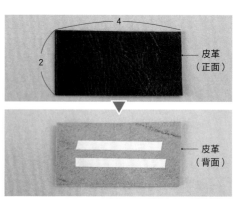

6 將皮革剪成2×4cm，在背面側貼上暫時固定膠帶。

7 以皮革夾上拉鍊的下止側，再以膠帶貼合。

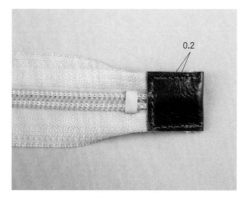

8 進行車縫四周邊緣。

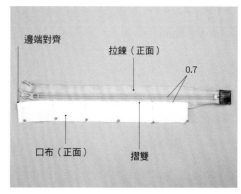

9 將口布的邊端及拉鍊的上止處對齊。在距離拉鍊齒0.7cm的位置，重疊上口布，以珠針固定。

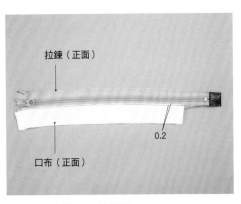

10 車縫口布的邊緣。

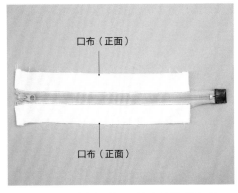

11 另一側也以相同的方法進行車縫。

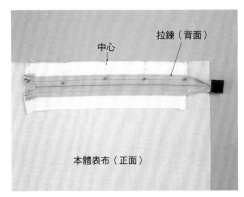

12 將本體表布及口布正面相對疊合，從中心開始以珠針固定。

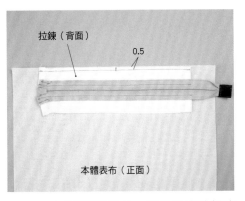

13 在距離布邊0.5cm的位置疏縫暫時固定。

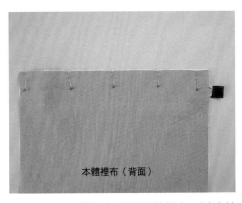

14 與本體裡布正面相對疊合，以珠針固定。

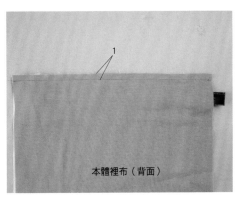

15 車縫完成線。

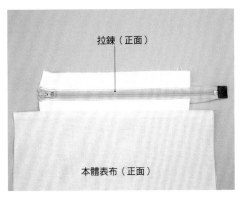

16 翻至正面，以熨斗整燙。

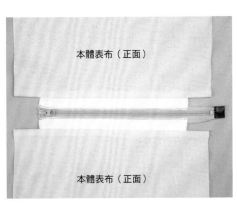

17 另一側也以相同的方法進行車縫。

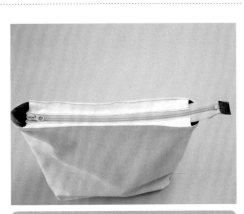

本體完成

Part
5

拉鍊

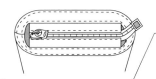

縫上拉鍊④（縫在口布上，夾入貼邊布及本體裡布之間）

將口布稍微縫進裡面一點，因此，從正面不容易看得到。
因為縫上口布，容量也變得比較大。

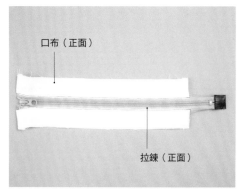

口布（正面）

拉鍊（正面）

1 參照P.48至P.49步驟**1**至**11**，以相同的方法進行車縫。

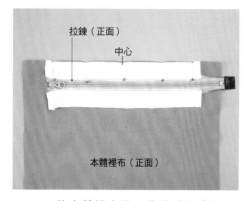

拉鍊（正面）

中心

本體裡布（正面）

2 將本體裡布及口布的中心對齊重疊，以珠針固定。

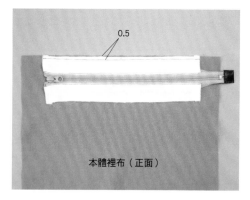

0.5

本體裡布（正面）

3 在距離布邊0.5cm的位置疏縫暫時固定。

1

貼邊布（背面）

本體裡布（正面）

4 將貼邊布正面相對疊合，以珠針固定，再車縫完成線。

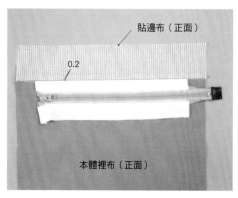

貼邊布（正面）

0.2

本體裡布（正面）

5 將貼邊布翻至正面，車縫邊緣。

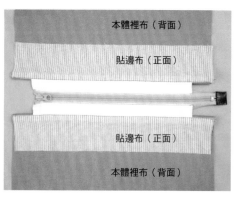

本體裡布（背面）

貼邊布（正面）

貼邊布（正面）

本體裡布（背面）

6 另一側也以相同的方法進行車縫。

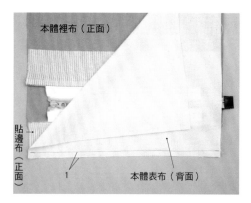

本體裡布（正面）

貼邊布（正面）

1

本體表布（背面）

7 將貼邊布及本體表布正面相對疊合，再車縫完成線。

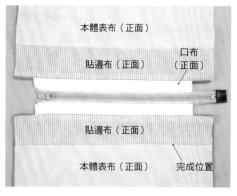

本體表布（正面）

貼邊布（正面）

口布（正面）

貼邊布（正面）

本體表布（正面）

完成位置

8 另一側也以相同的方法車縫，再翻至正面。

完成位置

口布

本體完成

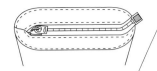

縫上拉鍊⑤（夾入貼邊布及本體裡布之間）

可以使用在縫上貼邊布的袋形的縫法。
因為拉鍊收在裡側，從包包的表面不容易看出來。

使用在**no.4**（P.79）的作品上。

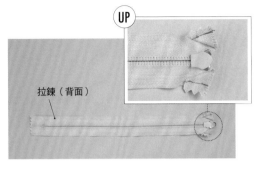

1 將拉鍊的上固定側摺出三角形，再進行車縫（參照P.45）。

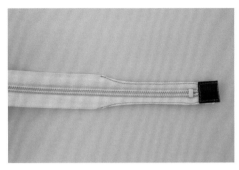

2 參照P.47步驟**2**至**4**，處理拉鍊的邊端。

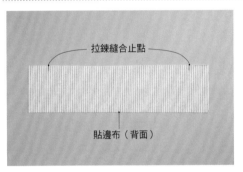

3 在貼邊布上畫出拉鍊縫合止點的記號。

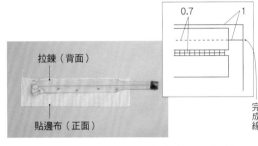
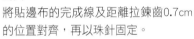

4 對齊縫合止點位置，與拉鍊正面相對對齊。
將貼邊布的完成線及距離拉鍊齒0.7cm的位置對齊，再以珠針固定。

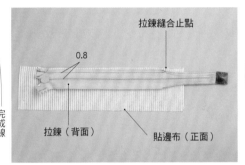

5 在距離拉鍊齒0.8cm的位置疏縫暫時固定。
※ 車縫至拉鍊縫合止點位置。

6 與本體裡布正面相對疊合，以珠針固定。

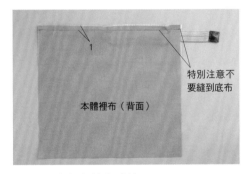

7 進行車縫完成線。

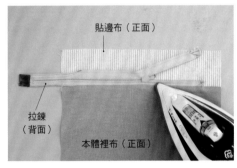

8 翻至正面，以熨斗整燙，將縫份倒向本體裡布側備用。

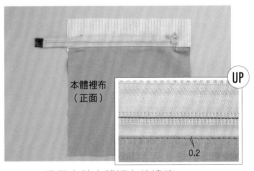

9 進行車縫本體裡布的邊緣。

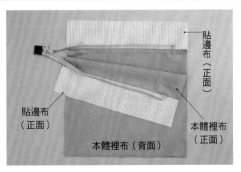

10 另一側也以相同的方法進行車縫。

本體完成

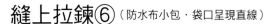

縫上拉鍊⑥（防水布小包・袋口呈現直線）

袋口呈現直線的時候的拉鍊縫法。將布料放在拉鍊上，以壓線的方法車縫固定。

使用在**no.15**（P.86）的作品上。

POINT 車縫防水加工布料時的要點

將壓布腳換成鐵弗龍壓布腳。

車縫不順暢的時候，將車縫針噴上矽膠噴霧備用。

使用暫時固定用的暫時固定膠帶。

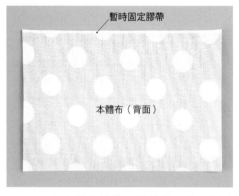

1 在本體布的袋口縫份位置背面側貼上暫時固定膠帶。

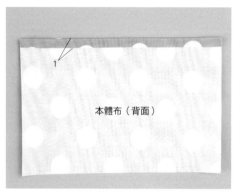

2 將膠帶的背紙撕掉，摺入縫份。

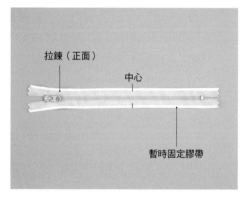

3 將拉鍊底布的邊緣貼上暫時固定膠帶，接著，在拉鍊的中心畫出記號。

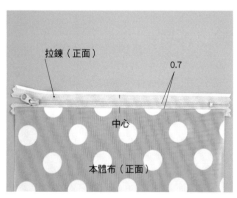

4 將暫時固定膠帶的背紙撕掉，再將本體布及拉鍊的中心對齊貼上。
（將本體布的邊緣和距離拉鍊齒0.7cm的位置對齊）

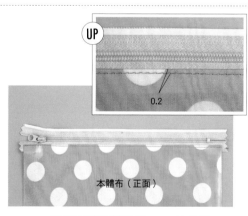

5 進行車縫距離邊緣0.2cm的位置。
※不易車縫時，將縫紉機的壓布腳換成單邊壓布腳（拉鍊壓布腳）。

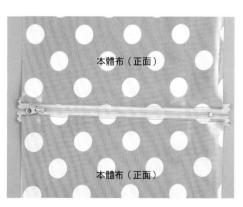

6 另一側也以相同的方法進行車縫。

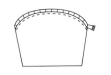

縫上拉鍊⑦（防水布小包・袋口呈現圓弧狀）

袋口呈現圓弧狀的時候的拉鍊縫法。車縫固定之後，再壓線車縫。

使用在**no.14**（P.86）的作品上。

使用在**no.14**（P.86）的作品上。

POINT 車縫防水加工布料時的要點

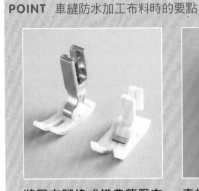

將壓布腳換成鐵弗龍壓布腳。

車縫不順暢的時候，將車縫針噴上矽膠噴霧備用。

使用暫時固定用的暫時固定膠帶。

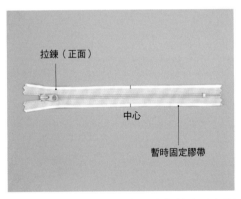

1 在拉鍊底布的邊緣貼上暫時固定膠帶，再於拉鍊的中心畫出記號。

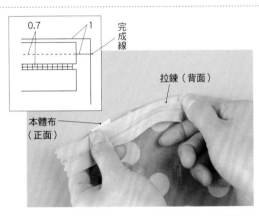

2 將暫時固定膠帶的背紙撕掉，再將拉鍊及本體布正面相對對齊貼上。

※將拉鍊的底布一邊稍微拉扯地一邊貼上。

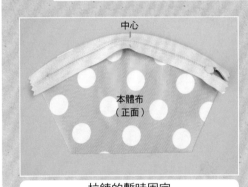

POINT

拉鍊的暫時固定

・先將拉鍊的中心及本體布的中心對齊。
・對齊本體布的圓弧狀，以膠帶貼上拉鍊的底布備用。

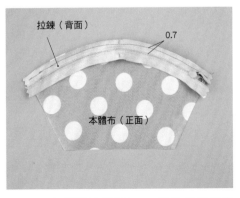

3 在距離拉鍊齒0.7cm的位置進行車縫。

※不易車縫時，將縫紉機的壓布腳換成單邊壓布腳（拉鍊壓布腳）。

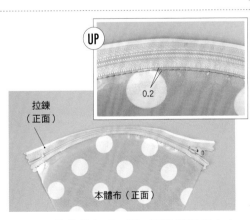

4 將拉鍊翻至正面，再將縫份倒向本體布側，從正面側壓線車縫。

5 打開拉鍊，另一側也以相同的方法進行車縫。

各式金屬零件・配件

使用金屬零件或是配件類的單品，能夠讓完成品更具有整體感。
熟練使用這些零件，試著活用在作品製作上吧！

壓釦（圓釦・凸釦）的裝法

打入型的金屬製壓釦的裝法。為了確實地裝上鈕釦，請在穩固平坦的地方作業喔！

壓釦（凸釦）

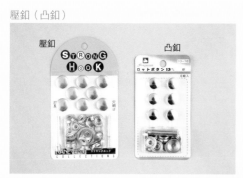

因為是可以牢固固定的鈕釦，適合用在以厚布料製作的作品上。壓釦及凸釦基本上是同一種款式，只是附屬的零件有些微的差異。

組合裡的內容物　　必備工具

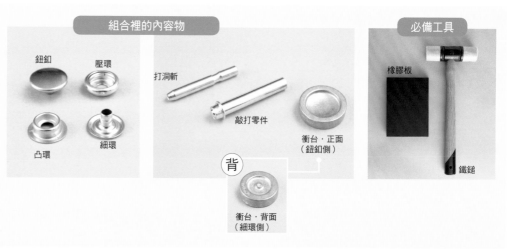

裝上凹側（從表面看得到的那一邊）的釦子

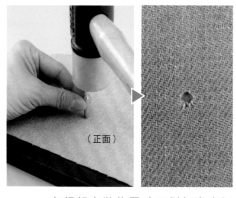

1 在鈕釦安裝位置（凹側）畫出記號，以打洞斬打出孔洞。
（布料下面鋪上橡膠板，放上打洞斬，以鐵鎚敲打）

2 將鈕釦放在衝台（鈕釦側）上。

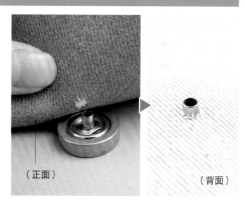

3 將鈕釦的腳穿過步驟 **1** 打出的孔洞。

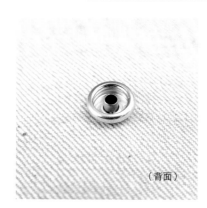

4 將鈕釦的腳完全拉出，蓋上壓環。

5 以敲打零件及鐵鎚敲打（將鈕釦的腳完全蓋上）。

※這個時候，不需要鋪上橡膠板，確實地將鈕釦及壓環敲打密合，請在穩固平坦的地方作業。

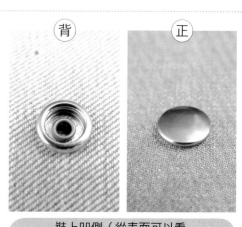

裝上凹側（從表面可以看得到的那一邊）的釦子

裝上凸側（從表面看不到的那一邊）的釦子

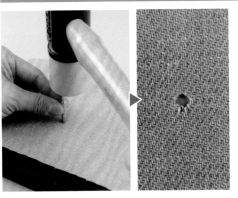

6 在鈕釦的安裝位置（凸側）上，以和步驟**1**相同的方法打出孔洞。

7 將細環放在衝台（細環側）上。

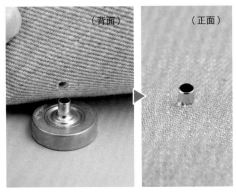

（背面）　　　（正面）

8 將細環的腳穿出步驟**6**打出的孔洞。

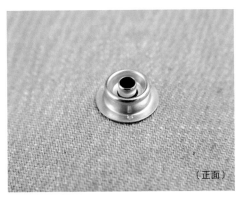

（正面）

9 將細環的腳完全拉出，再蓋上凸環。

10 以敲打零件和鐵鎚打入（讓細環的腳完全蓋住）。

※這個時候，不需要鋪上橡膠板，確實地將細環及凸環敲打密合，請在穩固平坦的地方作業。

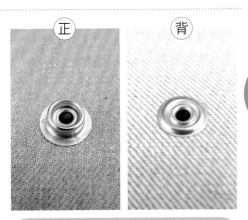

正　　　背

裝上凸側（從表面看不到的那一邊）的釦子

★使用薄一點的布料

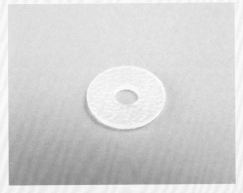

在裝上鈕釦的布料部分需要經常受力，因此在使用薄布料當成本體布時，需藉著夾上墊片（樹脂性的圓片物）調整厚度。

將細環穿出布料之後，蓋上墊片。

蓋上凸環，以敲打零件打入。

※裝上鈕釦和壓環的時候也以相同的方法，將鈕釦的腳穿出布料之後，依序穿入墊片→壓環，再以敲打零件敲打密合。

Part **6**

各式金屬零件・配件

彈簧釦的裝法

打入款的金屬製壓釦。安裝很方便，開關也很方便，
特別適合以薄布料到一般布料製作的作品上，或讓小朋友使用的作品。

使用在**no.13**（P.85）的作品上。

必備工具

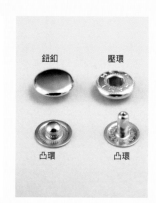

鈕釦　壓環
凸環　凸環

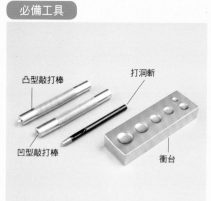

凸型敲打棒　打洞斬
凹型敲打棒　衝台

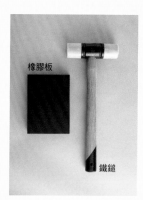

橡膠板
鐵鎚

裝上凹側（從表面看得到的那一邊）的釦子

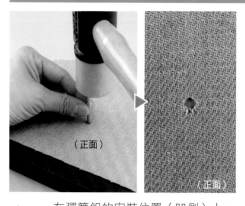

（正面）
（正面）

1 在彈簧釦的安裝位置（凹側）上，以打洞斬打出孔洞。
（在布料下方鋪上橡膠墊，放上打洞斬，再以鐵鎚敲打）

2 將鈕釦放在衝台（配合鈕釦的尺寸）上。

（正面）

3 將鈕釦的腳穿出步驟1打出的孔洞。

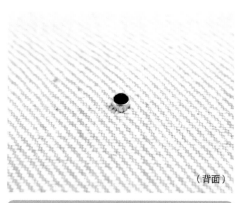

（背面）

穿出孔洞

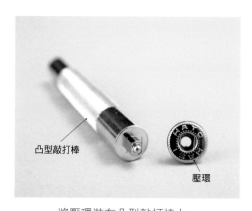

凸型敲打棒　壓環

4 將壓環裝在凸型敲打棒上。
※將壓環的直線位置（紅線部分）和敲打棒的平坦部分對齊。

將壓環裝上凸型
敲打棒

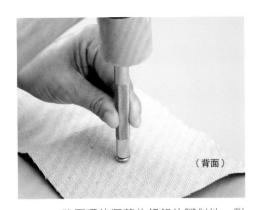

5 將壓環的洞蓋住鈕釦的腳似地，對著敲打零件打入。

※壓住鈕釦的腳大力地敲打。為了確實敲打密合，不需要鋪上橡膠板。

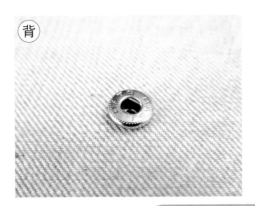

(背)

(正)

裝上凹側（從表面看得到的那一邊）的釦子

裝上凸側（從表面看不到的那一邊）的釦子

（背面） （正面）

6 在彈簧釦的安裝位置（凸側）上，以與步驟1相同的方法打出孔洞，再從背面側放入細環。

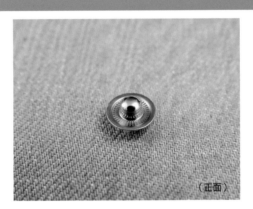

（正面）

7 將凸環蓋在細環的腳上。

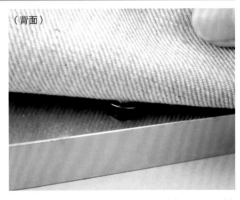

（背面）

8 將衝台翻至背面平坦的部分，再放上細環。

Part 6

各式金屬零件‧配件

（正面）

9 以凹型敲打棒打入。

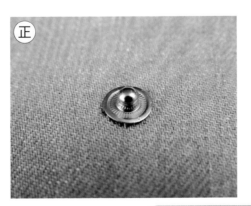

(正)

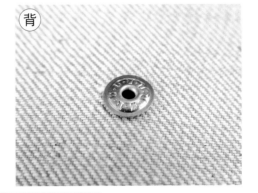

(背)

裝上凸側（從表面看不到的那一邊）的釦子

關於鉚釘

雖然是小小的零件,但是,只需要加上鉚釘,作品整體看起來就會更完整。
在此介紹關於鉚釘的基本知識,以及鉚釘裝上皮革帶提把的方法。

所謂鉚釘

想要牢固裝在皮革的提把或是腰帶上,
或無法進行車縫、具有厚度的位置……
在這些時候可以派上用場的金屬零件。
鉚釘有各式各樣的頭的尺寸、腳的長
度、顏色等等。

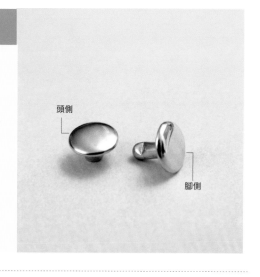

頭側

腳側

運用在**no.13**(P.85)的作品上。

鉚釘的種類

〈頭的尺寸〉

根據設計或安裝的用途選擇
尺寸。

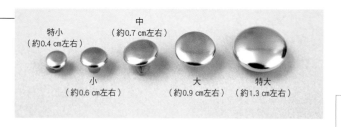

特小
(約0.4 cm左右)

中
(約0.7 cm左右)

小
(約0.6 cm左右)

大
(約0.9 cm左右)

特大
(約1.3 cm左右)

〈腳的長度〉

根據安裝上的皮革或布料的
厚度選擇腳的長度。

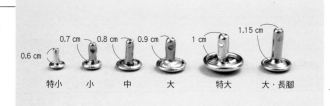

0.6 cm

0.7 cm

0.8 cm

0.9 cm

1 cm

1.15 cm

特小　小　中　大　特大　大‧長腳

根據鉚釘的頭的尺寸不同,腳的長度也有所不
同。除了「普通腳」、「長腳」不同的長度,
即使頭的尺寸一樣,腳的長度也有可能有所差
異。對應安裝位置的厚度,鉚釘的腳過長或過
短都無法確實固定,因此請確實確認厚度再購
入鉚釘喔!

將鉚釘放在想安裝的位置,
以鉚釘的腳稍微可以看得到
的程度是剛好的長度。

不夠長　　剛剛好　　過長

腳的長度的選擇方法
安裝上的皮革(布料)的厚度合計+約0.3cm

必備工具

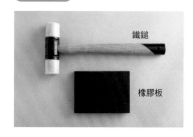

鐵鎚

橡膠板

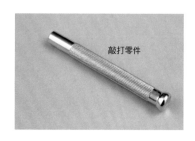

敲打零件

打洞斬

鉚釘衝台

鉚釘的裝法

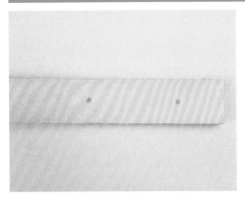

1 在皮革帶（提把）的正面上，畫出鉚釘安裝位置的記號。

2 以打洞斬打出孔洞。

3 將皮革帶（提把）對齊本體布的提把安裝位置，畫出孔洞位置的記號。

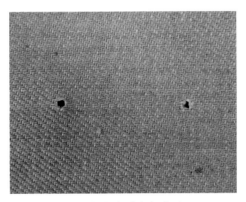

4 以打洞斬在本體布打出孔洞。

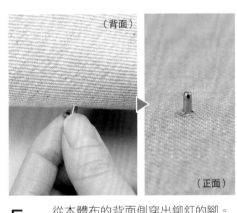

（背面）

（正面）

5 從本體布的背面側穿出鉚釘的腳。

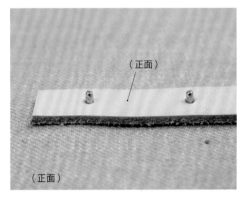

（正面）

（正面）

6 從正面側穿入皮革帶（提把）。

7 插入鉚釘的頭。

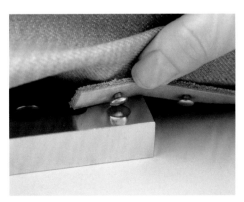

8 將正面側（皮革帶側）的頭放在鉚釘衝台上。

9 從背面側放上敲打零件，以鐵鎚敲打。

雞眼圈（雞眼釦）的裝法

在布料或是皮革打出孔洞，以金屬零件裝上孔洞四周的補強零件。
可以當成穿繩提把的設計。

雞眼圈（雞眼釦）

雞眼釦

正　背

底座

正　背

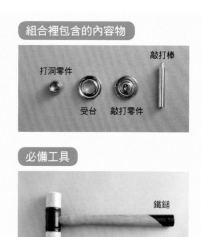

組合裡包含的內容物

打洞零件　受台　敲打零件　敲打棒

必備工具

鐵鎚

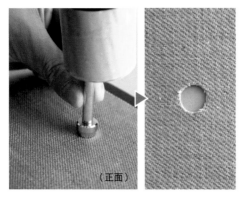

（正面）

1 在安裝位置畫出記號，將打洞零件裝在敲打棒上，再打出孔洞。

（正面）

2 從布料的正面側穿入雞眼釦。

（正面）

3 將步驟**2**的雞眼釦放在受台上。

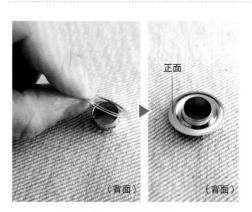

正面

（背面）　（背面）

4 將底座套在雞眼釦的腳上。
※將圓弧狀的那一面（正面）朝上。

5 將敲打零件裝在敲打棒上，以鐵鎚和敲打零件敲打（像壓住雞眼釦的腳一樣大力地敲打）。

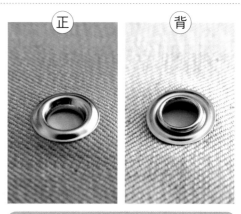

正　背

裝上雞眼圈（雞眼釦）

凸釦的裝法

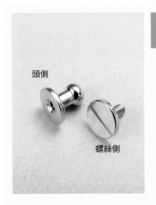

主要是與鈕釦相同用途的金屬零件。外觀也很經典，因此請根據想要完成的作品感覺，試著加上這個零件。

關於凸釦

用來固定皮革蓋子或是皮革帶的金屬零件。因為是以螺絲鎖緊固定，安裝很簡單。將其中一邊（受側）裝上凸釦，另一邊（固定側）打出孔洞扣上固定。

頭側
螺絲側

必備工具

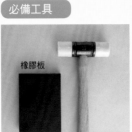

橡膠板
鐵鎚

打洞斬

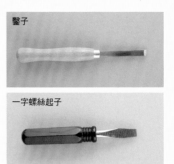

鑿子
一字螺絲起子

1 在安裝位置（受側）畫出記號。

2 以打洞斬打出孔洞。

3 將螺絲側的零件從背面插入。

4 將頭側的零件蓋上，以螺絲鎖緊固定。

5 從背面側以一字螺絲起子確實鎖緊。

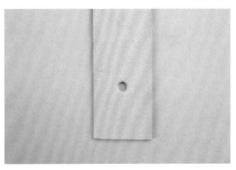

6 在固定側上，以與步驟 **1**、**2** 相同的方法使用打洞斬打出孔洞。

7 以鑿子作出切口。
※或使用美工刀切出0.3cm左右的切口。注意不要將切口切太長。

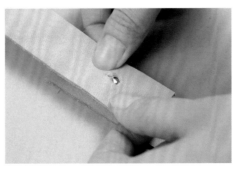

8 將受側（裝上金屬零件的那一邊）穿過孔洞。

裝上凸釦

Part
6

各式金屬零件・配件

磁釦的裝法

以磁石製作而成的鈕釦。開關很順暢,因此,最適合用在包包的設計上。
比起縫上拉鍊的方式更簡單,因為從正面看不到,設計性也很不錯。

運用在**no.12**(P.84)的作品上。

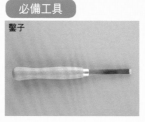

薄襯 ※　　F襯 ※
3　　　　3
3　　　　3

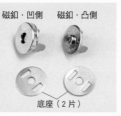

磁釦・凹側　磁釦・凸側

底座(2片)

鑿子

鉗子

※ 薄襯…在合成皮上塗上黏膠加工(SWANY 生產)。
※ F襯…在合成襯上塗上黏膠加工。

(正面)

1 將磁釦安裝位置與底座的中心疊合,畫出切口位置的記號。
F襯也以相同方法畫出記號備用。

(正面)

2 以鑿子(或美工刀)等工具裁出切口。
F襯也以相同的方法裁出切口。

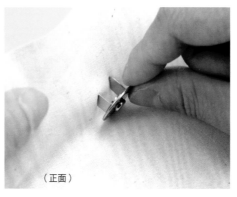

(正面)

3 從本體布的正面側穿入磁釦的腳。

(背面)

4 從本體布的背面側將F襯穿過磁釦的腳。

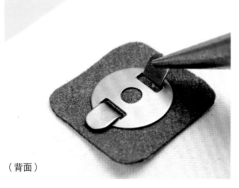

(背面)

5 穿過底座,使用鉗子等工具將腳壓平似地倒向外側。

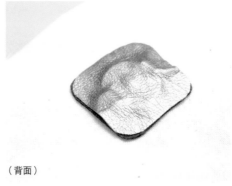

(背面)

6 從上方貼上薄襯。

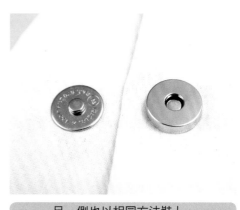

另一側也以相同方法裝上。

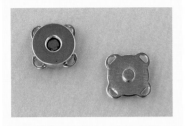

磁釦（手縫款）的縫法

以手縫方式縫上的磁釦，是在包包製作完成之後，再縫上的鈕釦。

四周附有可以縫合固定的孔洞。

1 準備一條手縫線、縫鈕釦的線或30號的車縫線等具有粗度、堅固的縫線，打結之後，從背面側穿出針，將線穿入第一個洞。

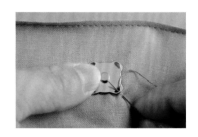

2 直接在本體的布上再一次將針穿過洞。

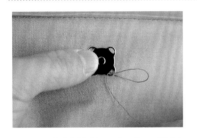

3 將縫線拉至呈現一個圈狀。

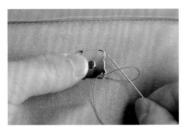

4 將針穿過步驟**3**完成的圈狀。

5 將縫線拉到最底。

6 一個位置的洞縫合固定3至4次。
剩下的洞與另一邊的鈕釦也以相同的方法縫合固定。

隱藏磁釦的縫法

可以完全隱藏在布料裡的磁釦款式。
金屬零件本身很薄，因此適合用在想要作出俐落感覺的包包設計上。

隱形磁釦
（確認具有磁性的方向）

1 將布料剪成比磁釦稍微大一點的尺寸。

袋口側

本體裡布
（背面）

底側

2 在本體裡布的磁釦安裝位置的背面側，進行車縫固定，留下下方那一邊不縫（注意具有磁性的方向）。

本體裡布
（背面）

3 從留下沒有車縫的那一邊放入磁釦。

本體裡布
（正面）

4 進行車縫留下沒有車縫的那一邊。
另一側也以相同的方法裝上磁釦。

※因為是磁石，容易與縫紉機的壓布腳相吸，請特別留意。若不易車縫，可換成鐵弗龍壓布腳或單邊壓布腳。

D形環．角圈．移動圈．問號鉤

對包包而言，肩背帶是不可或缺的配件。
熟練這些零件類的裝法之後，就能增加包包製作種類的可能。

運用在no.4（P.79）的作品上。

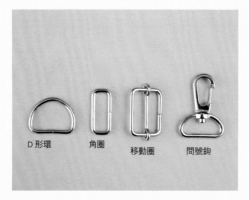

裝上可以調整長度的肩背帶時所使用的零件。
因為這些零件有各式各樣的尺寸，請根據使用的織帶寬度選擇尺寸。

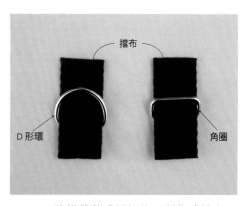

1 將織帶剪成短短的，製作成擋布。各別穿過D形環、角圈（使用織帶的時候或是以同一塊布製作背帶的時候皆適用）。

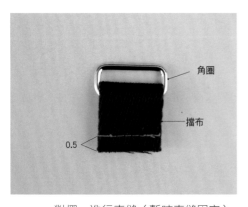

2 對摺，進行車縫（暫時車縫固定）。
※D形環也以相同方法製作。

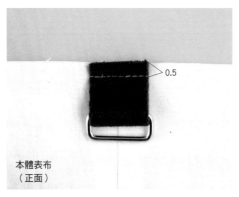

3 疊合本體布的縫合位置，進行車縫。

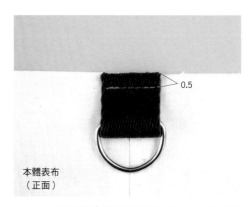

4 D形環也採用相同的方法，進行車縫固定在另一側的縫合位置上。

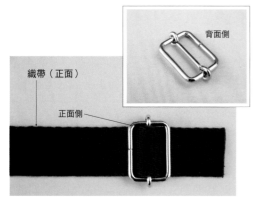

5 將移動圈的正面側朝上，穿過織帶。
※特別留意移動圈的正面和背面有所差異。

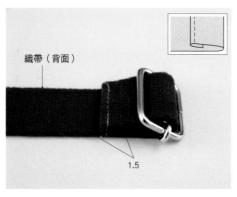

6 將邊端摺入，在移動圈稍微下方一點的位置進行車縫固定。

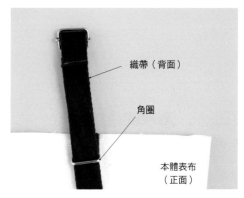

7 將織帶穿過角圈。

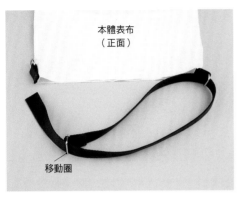

本體表布
（正面）

移動圈

8 將織帶穿過移動圈。

織帶（正面）

放大示意圖

本體表布
（正面）

9 再一次將織帶穿過移動圈。

放大示意圖

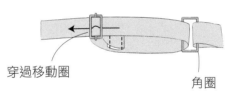

穿過移動圈

角圈

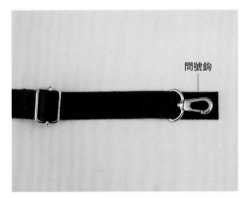

問號鉤

10 將織帶的邊端穿過問號鉤。

Part
6

各式金屬零件‧配件

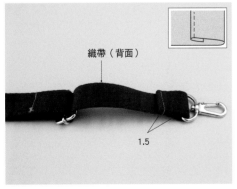

織帶（背面）

1.5

11 將邊端摺入，進行車縫。

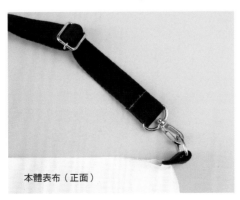

本體表布（正面）

12 將問號鉤掛在D形環上。

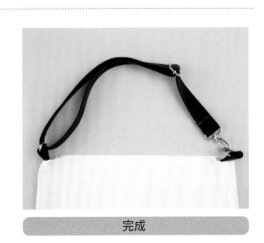

完成

底角

裝在包包底部的圓腳。讓波士頓包或是運動包等包款放置地面時，
底部不會直接接觸地面的金屬零件。

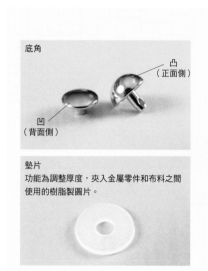

底角

凸
（正面側）

凹
（背面側）

墊片
功能為調整厚度，夾入金屬零件和布料之間
使用的樹脂製圓片。

必備工具

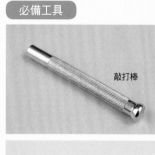

敲打棒

打洞斬

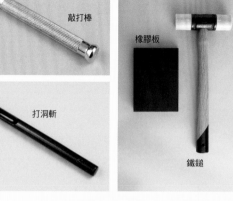

橡膠板

鐵鎚

（背面）

1 以打洞斬在安裝位置打出孔洞。
※在布料的下方鋪上橡膠板。

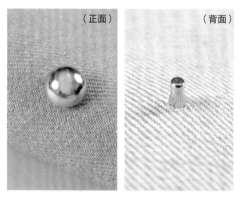

（正面） （背面）

1 從布料的正面側插入凸側的零件。

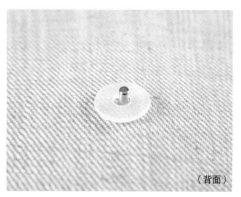

（背面）

2 蓋上墊片。（只需要使用在薄布料
的情況之下）

（背面）

3 從上方蓋上凹側的零件。

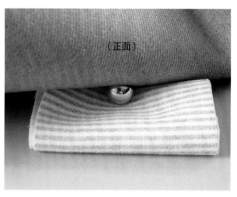

（正面）

4 鋪上墊布，將凸側朝下放置其上。

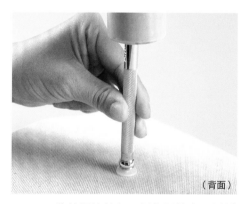

（背面）

5 將敲打棒放在凹側的零件上，以鐵
鎚敲打。

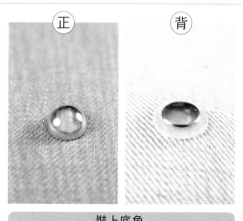

正 背

裝上底角

提把・掛耳

以布料或是皮革製作提把,或使用現成的提把皆可。
根據包包的設計,試著變化提把的安裝方式,也是手作的樂趣。

以布料製作的提把

在此介紹兩種最正統的提把作法。
請根據使用的布料厚度或包包款式選擇適合的提把作法。

以【提把的寬度×2倍+縫份】製作的方法

適合以一般布料製作的方法。

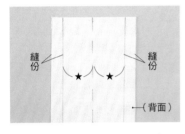

縫份 縫份
★ ★
（背面）

1 將想要製作的提把寬度（★）×2倍,加上縫份後裁剪。

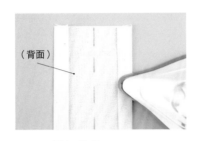

（背面）

2 燙摺縫份。

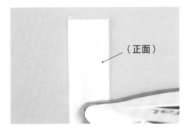

（正面）

3 再對摺。

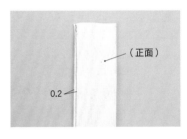

（正面）
0.2

4 進行車縫邊緣。

以【提把的寬度×4倍】製作的方法

以薄布料製作需要作出厚度,或避免縫份在表面產生的厚薄不同時,以此方法製作。

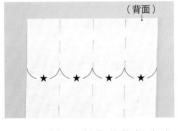

（背面）
★ ★ ★ ★

1 以想要製作的提把寬度（★）×4倍的寬度裁剪。

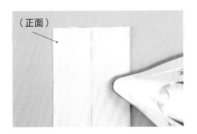

（正面）

2 以熨斗燙摺。

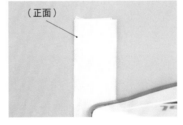

（正面）

3 再對摺。

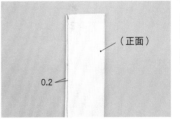

（正面）
0.2

4 車縫邊緣。

貼上布襯的時候

使用薄布料至一般布料,或是需要特別補強時,則貼上布襯。

製作完美提把的要點

進行車縫的那一側會變得比較長,讓提把呈現一個圓弧形的狀態。因此,車縫之後,一邊稍微拉扯一邊以熨斗熨燙,就能製作出筆直完美的提把。

提把呈現圓弧形的狀態

一邊稍微拉扯一邊熨燙

以皮革製作的提把

看起來很難處理的皮革，若用於提把或局部設計，就很容易處理，作品整體也會提升等級。
在此介紹進行車縫的方法和手縫的方法。

進行車縫的時候

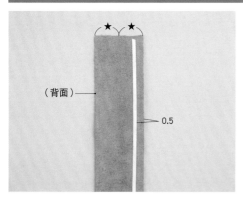

（背面）
0.5

1 準備想要製作的提把寬度（★）×2
倍粗度的皮革。
從其中一邊的邊緣內側0.5cm左右貼
上暫時固定膠帶。

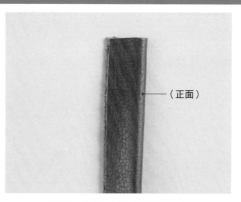

（正面）

2 對摺，以暫時固定膠帶貼合。

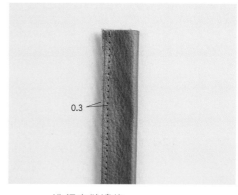

0.3

3 進行車縫邊緣。
※將車縫針、車縫線及壓布腳（鐵弗
龍壓布腳）皆換成皮革用。

手縫的時候

必備工具

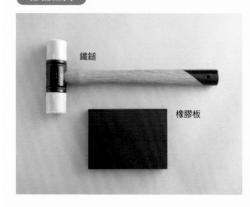

鐵鎚

橡膠板

[四孔斬] 打出縫合處孔洞的工具

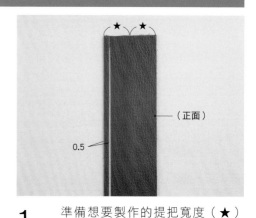

（正面）
0.5

1 準備想要製作的提把寬度（★）
×2倍的粗度的皮革。
在縫合位置（距離邊緣0.5cm）畫
出記號。

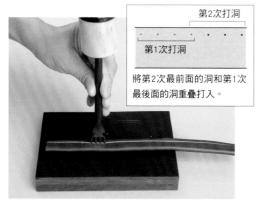

第2次打洞

第1次打洞

將第2次最前面的洞和第1次
最後面的洞重疊打入。

2 以和【進行車縫的時候】的步驟
1、2相同的方法製作。
在步驟**1**畫出的記號上，以四孔斬
打出縫合處的孔洞。

3 將皮革用的手縫線穿過針，再縫
合。

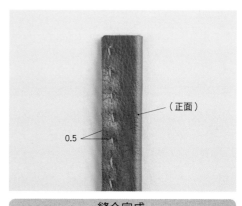

（正面）
0.5

縫合完成

重疊2片布料製作的提把

適合類似P.78（no.1～3）的托特包設計的提把作法。
將不同的布料重疊搭配，就能呈現不同的設計氣氛。

運用在no.1·2·3（P.78）的作品上。

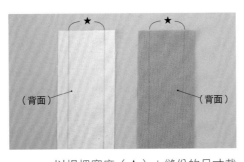

1 以提把寬度（★）＋縫份的尺寸裁出2片布料。

2 燙摺縫份。

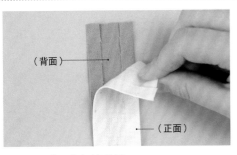

3 將2片布料重疊。

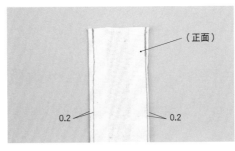

4 車縫兩邊。

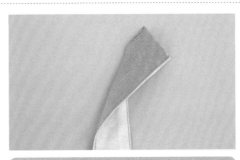

車縫完成的樣子

重疊布料及皮革製作的提把

將布料及皮革重疊製作的方法。不需要將皮革的邊緣摺入縫份，因此，這款提把會呈現邊緣薄薄的設計。車縫的時候，將車縫針、車縫線和壓布腳（鐵弗龍壓布腳）皆換成皮革用。

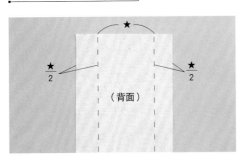

1 準備2片想要製作的提把（★）2倍寬度的布料。

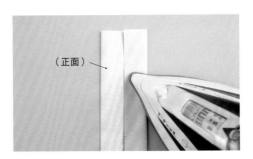

2 以熨斗燙摺。

3 準備想要製作的提把（★）減6mm寬度的皮革。

4 在背面側貼上暫時固定膠帶。
※避開車縫的位置，貼在稍微內側的地方。

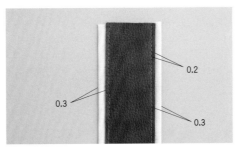

5 在步驟2製作完成的布料上，左右各0.3cm的內側貼上步驟4的皮革。再進行車縫兩邊。

也可以壓克力織帶取代皮革

提把的縫法①

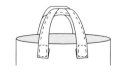

夾入本體表布及本體裡布之間的縫法。

運用在**no.4**（P.79）的作品上。

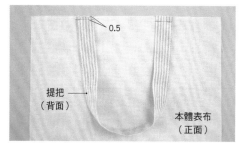

1 將提把以珠針固定在本體表布的縫合位置上，再以車縫暫時固定。

2 將本體表布及本體裡布正面相對疊合，再以珠針固定。

3 進行車縫完成線。

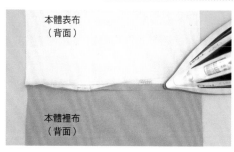

4 以熨斗燙開縫份。

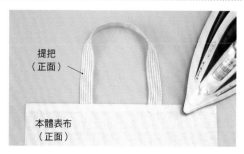

5 翻至正面，以熨斗整燙。

提把的縫法②

將提把直接在本體表布上車縫壓線固定的方法。

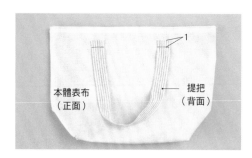

1 將提把以珠針固定在本體表布的縫合位置上，再進行車縫暫時固定。

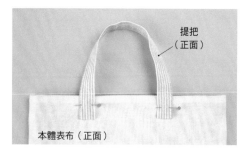

2 翻起提把，以珠針固定。

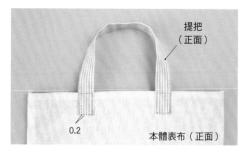

3 進行車縫。

以皮革製作而成的提把，夾入車縫的方法及【提把的縫法①】相同。

將以皮革製作而成的提把直接車縫固定在本體布上，不需要將邊端的縫份摺入直接車縫固定。省略【提把的縫法②】的步驟 **1**、**2**，以和步驟 **3** 相同的方法進行車縫。

※ 關於暫時固定，請參照 P.10「使用方便的工具暫時固定的方法」。

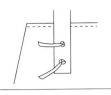

以細繩製作提把的方法

在皮革提把打出孔洞，穿入0.3cm左右的細繩（皮革繩等）固定的方法。為了之後可以繩子調整，準備長一點的繩子備用為佳。

必備工具

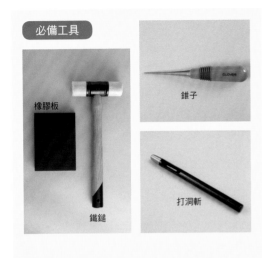

橡膠板

錐子

鐵鎚

打洞斬

1 在提把的打洞位置上，以打洞斬打出孔洞。

2 將提把疊合本體布的提把縫合位置，畫出步驟**1**打出的孔洞位置的記號。

3 以錐子在本體布鑽出孔洞。（使用比較薄的布料的時候，為了增強布料的強度，在背面側貼上布襯備用）

4 為了方便穿入孔洞，先將細繩的前端斜切。

本體表布（正面）

5 將細繩穿過本體布的孔洞。

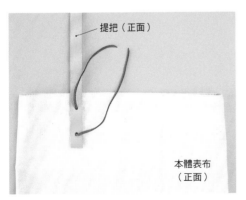

提把（正面）

本體表布（正面）

6 將細繩穿過提把。

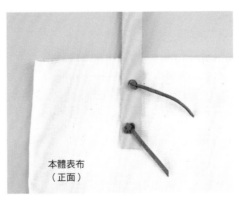

本體表布（正面）

7 分別打結，固定提把。將細繩多餘的部分剪掉。

8 剩下的3個位置也以相同的方法製作，即完成提把。

Part 7

提把・掛耳

以圓棉繩製作提把的方法

在縫成筒狀的布料中，放入稱為「圓棉繩」的繩子，藉此作成提把的作法。
可以用搭配本體布的布料，作成圈狀的提把。

運用在**no.5**（P.80）的作品上。

[圓棉繩]
當成包包提把的芯使用，以棉布等材料製作的繩狀物。

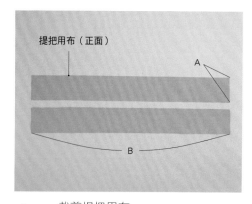

提把用布（正面）

A

B

1 裁剪提把用布。
※ A（寬度）…
　圓棉繩的周長＋縫份（2cm）
※ B（長度）…
　提把的長度＋縫份（2cm）

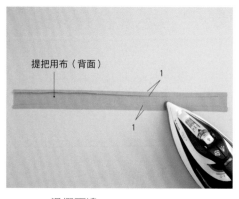

提把用布（背面）

1
1

2 燙摺兩邊。

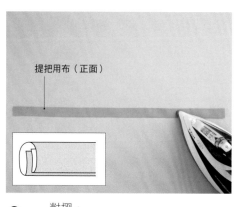

提把用布（正面）

3 對摺。

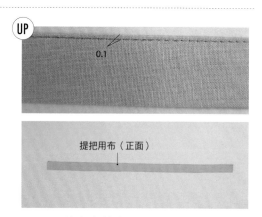

UP

0.1

提把用布（正面）

4 進行車縫邊緣。

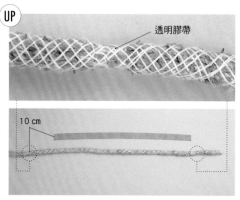

UP

透明膠帶

10 cm

5 將圓棉繩準備比提把用布多10cm左右。
在想要裁剪的部分捲繞上透明膠帶。

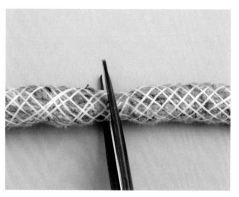

6 在捲上透明膠帶的正中間，以剪刀裁剪。

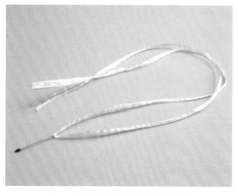

7 將塑膠繩穿過穿繩器後打結。

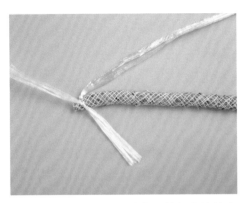

8 將塑膠繩的邊端在圓棉繩的邊端上打結。

※為了避免脫落，請確實打結備用。

提把用布（正面）

9 將穿繩器穿過提把用布。

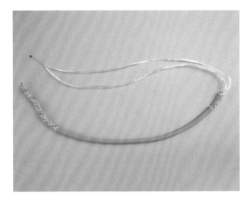

10 一點一點且慢慢地將圓棉繩穿過提把用布。

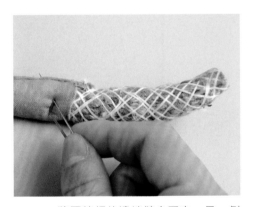

11 將圓棉繩的邊端縫合固定，另一側也以相同的方法縫合固定。

本體布（正面）

12 將圓棉繩從包包本體布的提把穿入口穿入。

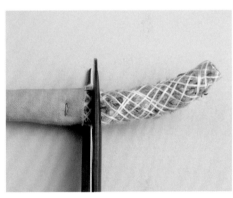

13 剪掉多餘的部分。

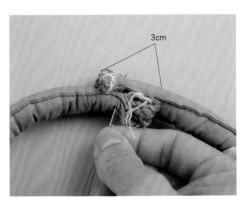

3cm

14 將圓棉繩繞成圈狀，再將兩邊端重疊，以2至3針縫合固定。

15 將圓棉繩以線捲繞3至4圈固定，再縫合打結固定。

本體布（正面）

16 將圓棉繩的接合處放入包包的穿入口裡。

圓形提把的縫法

圓形提把具有各式各樣的縫法,在此介紹將本體布裁剪成與提把相同形狀,以本體表布及本體裡布夾住安裝的方法。

[圓形 ・ 合成皮材質的提把]

[圓形 ・ 竹子材質的提把]

疊合底部

1 每一個提把會有些微的形狀差異,請沿著提把的輪廓,調整紙型的線條。將提把安裝位置的線條和提把疊合,畫出提把的紙型。※為了拉出順暢的線條,請避開提把的接合處畫出紙型。

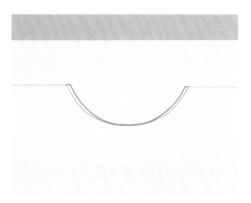

2 修正完成的樣子。
（為了讓讀者方便看清楚,以紅色的線條呈現）

本體表布（正面）

3 沿著紙型的線條,裁剪布料。
※本體裡布也以相同的方法裁剪。

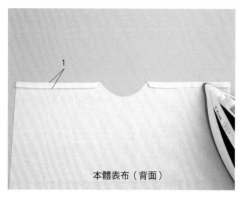

本體表布（背面）

4 將袋口側的縫份摺入。

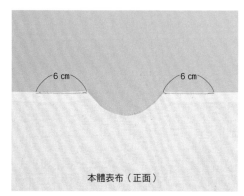

6 cm   6 cm

本體表布（正面）

5 距離提把縫合位置左右約6cm的布邊位置,進行車縫。
本體裡布也以相同的方法進行車縫。

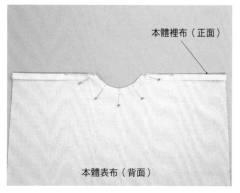

本體裡布（正面）

本體表布（背面）

6 將本體表布及本體裡布正面相對疊合,將提把安裝位置的部分以珠針固定。

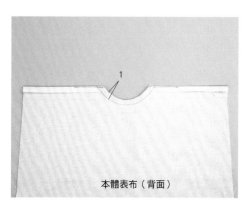

本體表布（背面）

7 進行車縫完成線。

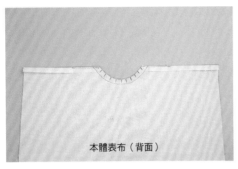

本體表布（背面）

8 在縫份的位置上剪出牙口。

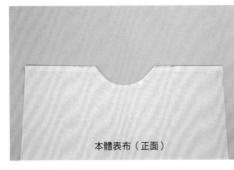

本體表布（正面）

9 翻至正面。

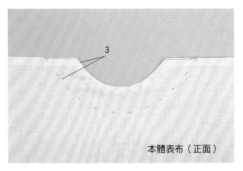

本體表布（正面）

10 在距離提把安裝位置約3cm處，平行地畫出記號。
※建議使用水消筆。

本體表布（背面）

本體裡布（正面）

11 將提把穿入本體裡布及本體表布之間。

※大部分的包包會在本體表布貼上布襯，因此，若從本體表布側穿過提把，容易產生皺褶。不妨從本體裡布側穿過提把吧！

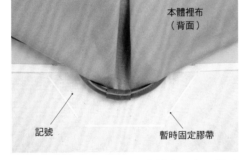

本體裡布（背面）

記號　暫時固定膠帶

12 避開本體裡布，將暫時固定膠帶貼在步驟10本體表布上畫出的記號外側。

本體表布（正面）

13 將本體裡布及本體表布重新重疊，從正面側沿著步驟**10**的記號進行車縫。

Part 7
提把・掛耳

各種形狀的提把

[方形提把]

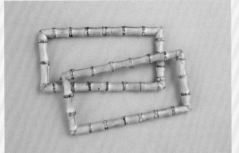

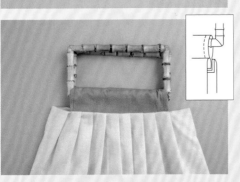

[一字弧形提把]

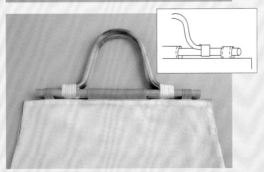

[半月形提把]

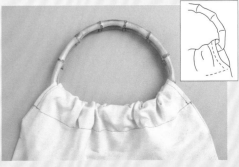

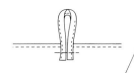

掛耳的作法

在此介紹用來固定袋口鈕釦的掛耳作法。兩種縫合方法。

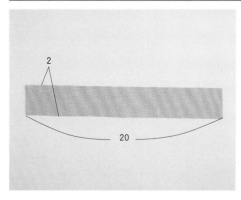

1 裁剪布料。
（根據包包或鈕釦的尺寸調整）

掛耳（正面）

2 以熨斗燙摺。

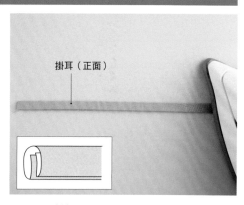

掛耳（正面）

3 對摺。

UP

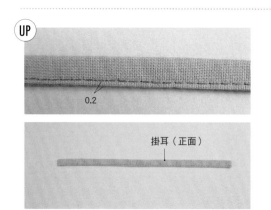

0.2

掛耳（正面）

4 進行車縫邊緣。

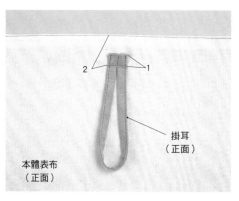

本體表布
（正面）

掛耳
（正面）

5 掛耳對摺，疊合縫合位置進行車縫。

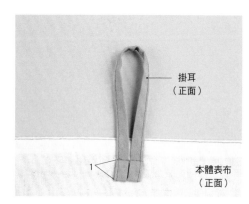

掛耳
（正面）

本體表布
（正面）

6 將掛耳翻起，進行車縫。

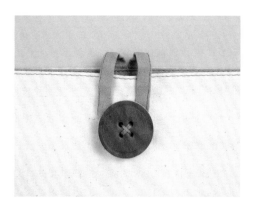

7 另一側縫上鈕釦。
將掛耳扣住鈕釦。

0.5

18

1 裁剪皮革。

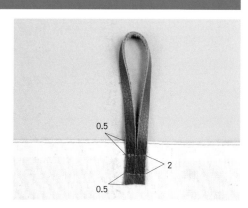

0.5

2

0.5

2 將皮革掛耳對摺，疊合縫合位置，進行車縫（2個位置）。
另一側縫上鈕釦，再將掛耳扣住鈕釦。

以布料製作・夾入本體表布及本體裡布之間

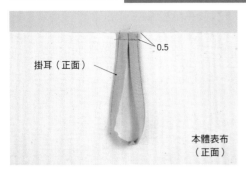

1 以和P.76步驟**1**至**4**相同的方法,製作掛耳,疏縫固定在縫合位置。
※將布料裁剪成2×16cm。

掛耳(正面)
0.5
本體表布(正面)

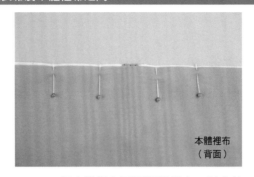

2 與本體裡布正面相對疊合,以珠針固定。

本體裡布(背面)

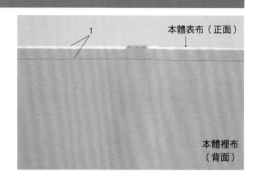

3 車縫完成線。

1
本體表布(正面)
本體裡布(背面)

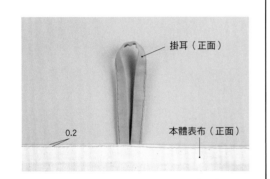

4 將本體布翻至正面,以熨斗整燙,再進行車縫邊緣。
另一側縫上鈕釦,將掛耳扣住鈕釦。

掛耳(正面)
本體表布(正面)
0.2

以皮革製作・夾入本體表布及本體裡布之間

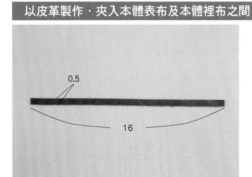

1 裁剪皮革。
(根據包包或鈕釦的尺寸調整)

0.5
16

2 與以布料製作的時候相同的方法,夾入本體表布及本體裡布之間進行車縫。
另一側縫上鈕釦,將掛耳扣住鈕釦。

Part
7

提把・掛耳

鈕釦的縫法

1

將線穿過針(2條)打結,在鈕釦縫合位置從正面側穿出針,在正面側相同的位置再一次出針,將針穿入打結的圈狀中。

2

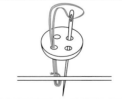

將線穿過鈕釦的洞。

3

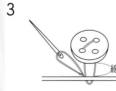

線腳

一邊將線腳留下2至3mm(根據掛耳的厚度調整)一邊將布料和鈕釦縫合3至4針。

4

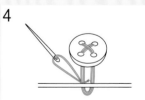

剩下的兩個洞,也以相同的方法縫合固定。

5

將線腳確實以線捲繞。
※保持均勻地捲繞。

6

作出圈狀,穿過針拉緊。

7

從線的根部穿入針,從背面側出針。

8

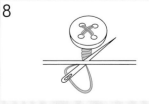

再一次從布料和鈕釦之間出針,打結,在根部剪線。

以喜歡的布料製作手作包

使用本書介紹的包包製作技法，
試著製作出自己喜歡的包包款式吧！

no.1至3

托特包（L·M·S）

作法 → **no.1**（L）／P.88
　　　 no.2（M）／P.88
　　　 no.3（S）／P.88

即使是簡單設計的帆布托特包，只
需要以表布的配色和裡布的進口布
料，就能作出時髦的包包。若使用8
號帆布，即使是家庭用的縫紉機也
可以製作。

no.1（L）
表布＝水洗加工8號帆布（8100-18）
別布＝水洗加工8號帆布（8100-60）
裡布＝印花牛津棉布（IE3101-1）
no.2（M）
表布＝水洗加工8號帆布（8100-45）
別布＝水洗加工8號帆布（8100-14）
裡布＝印花牛津棉布（IE4063-3）
no.3（S）
表布＝水洗加工8號帆布（8100-84）
別布＝水洗加工8號帆布（8100-85）
裡布＝印花牛津棉布（IE3050-1）

／鎌倉SWANY

no.1 的設計為縫上拉鍊的口袋①

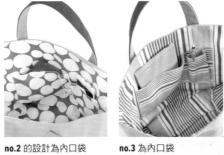

no.2 的設計為內口袋
（扁平款）

no.3 為內口袋
（打褶款）

technique guide
技術指導

【側身】
［三角側身］　P.18
步驟解說

［打褶側身］　P.23
步驟解說

【內口袋】
no.1 ［縫上拉鍊的口袋①］　P.35
步驟解說

no.2 ［內口袋（扁平款）］　P.32
步驟解說

no.3 ［內口袋（打褶款）］　P.33
步驟解說

【提把】
［重疊2片布料製作的提把］　P.69
步驟解說

no.1

no.2

no.3

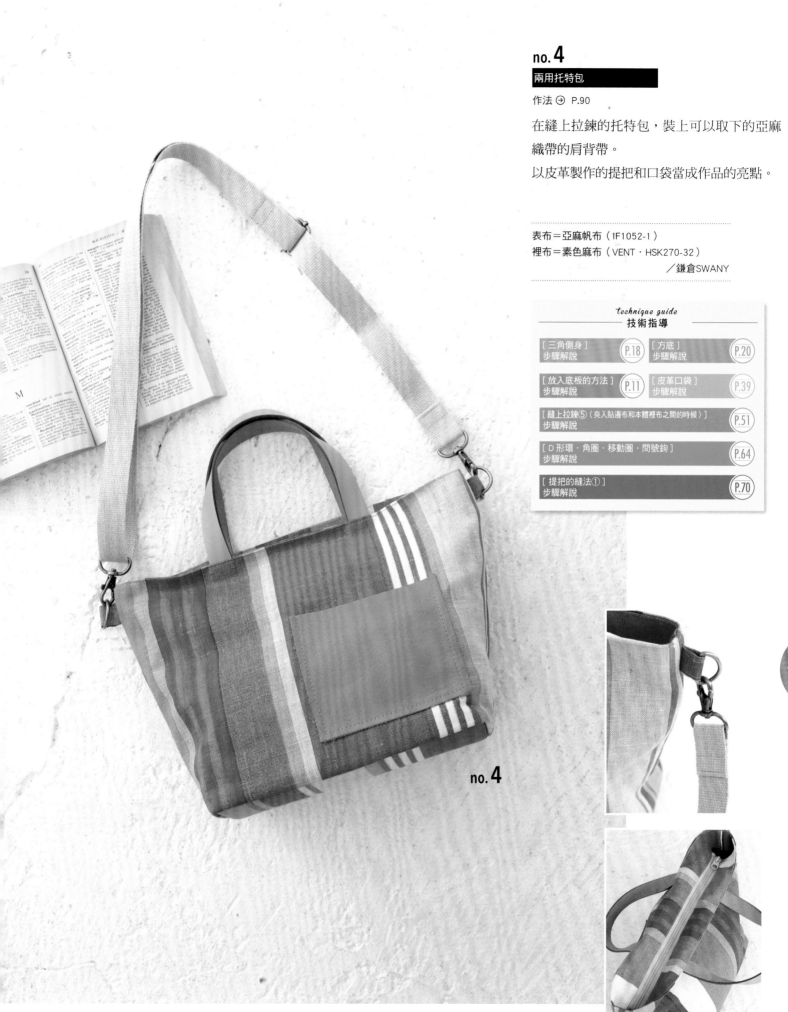

no. 4

兩用托特包

作法 ⊕ P.90

在縫上拉鍊的托特包，裝上可以取下的亞麻
織帶的肩背帶。

以皮革製作的提把和口袋當成作品的亮點。

表布＝亞麻帆布（IF1052-1）
裡布＝素色麻布（VENT・HSK270-32）
／鎌倉SWANY

technique guide
技術指導

［三角側身］ 步驟解說	P.18	［方底］ 步驟解說	P.20
［放入底板的方法］ 步驟解說	P.11	［皮革口袋］ 步驟解說	P.39
［縫上拉鍊⑤（夾入貼邊布和本體裡布之間的時候）］ 步驟解說			P.51
［D形環・角圈・移動圈・問號鉤］ 步驟解說			P.64
［提把的縫法①］ 步驟解說			P.70

no. 4

Part
8

以喜歡的布料製作手作包

no.5・6

祖母包（S・M）

作法 ⊙ **no.5**（S）／P.92
　　　no.6（M）／P.93

no.5是以被稱為「圓棉繩」的圓芯製作的提把製
作而成的祖母包。

no.6和**no.5**的袋形相同，但尺寸不同。

以竹製提把完成作品。

運用提把的款式可以改變包包整體給人的印象。

---

no.5（S）
表布＝棉麻刺繡布（IE3127-2）
裡布＝素色麻布（VENT・HSK270-7）
no.6（M）
表布＝棉麻刺繡布（IE3128-6）
裡布＝素色麻布（VENT・HSK270-13）

／鎌倉SWANY

---

technique guide
技術指導

| **no.5** | [以圓棉繩製作提把的作法]
步驟解說 | P.72 |
| **no.6** | [各種形狀的提把]
介紹 | P.75 |

以同一塊布料製作而成「圓棉繩」的提
把，讓作品呈現洗練的感覺。

「竹製提把」配合包包的設計選擇適合
的尺寸及形狀。這一次使用的是半月形
的、寬度22.5cm（內寸）的款式。

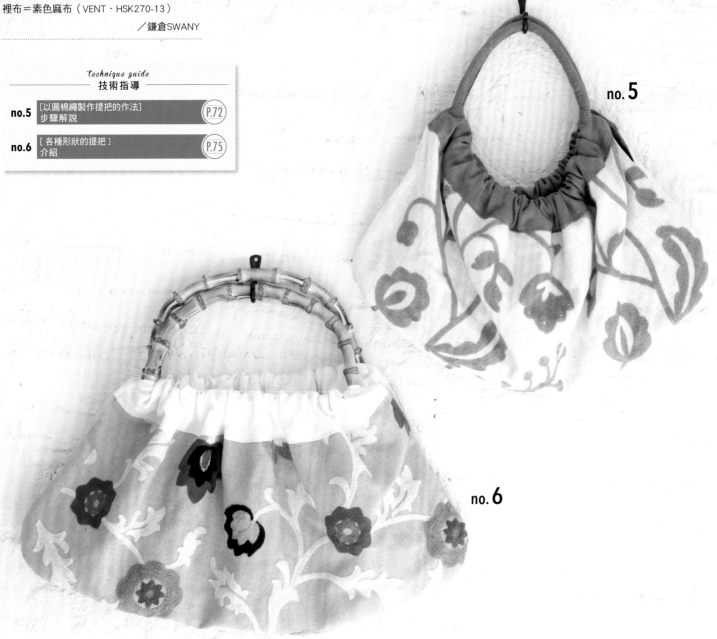

no.5

no.6

no. 7

束口托特包

作法 → P.94

在輪廓俐落的寬袋口托特包上，加上束口布的設計。

這個巧思不會讓包包的內容物被看見，

實用便利是此設計的最大考量。

表布＝印花牛津棉布（IE4064-3）
別布＝印花牛津棉布（IE3125-2）
裡布＝水洗棉麻帆布（HSK750-4）

／鎌倉SWANY

附上內口袋（吊掛款）的設計，使用上更方便。

technique guide
技術指導

[三角側身]
步驟解說　P.18

[方底]
步驟解說　P.20　[束口布的作法]
步驟解說　P.24

[內口袋（吊掛款）]
步驟解說　P.34

[放入底板的方法]
步驟解說　P.11

no. 7

Part
8

以喜歡的布料製作手作包

no. 8

彈簧口金小包

作法 ⊕ P.96

四方形的彈簧口金小包,使用兩種顏
色,讓口布當成作品的重點。

表布＝印花牛津棉布（IE2013-1）
裡布＝厚牛津布（HSK550-5）
　　　　　　　　　／鎌倉SWANY

no. 9

便利口金包

作法 ⊕ P.97

使用口金及提把一體成型的「便利口
金」製作而成的包包。因為具有側身的
設計,不只外觀漂亮,收納力也很棒。

表布＝印花牛津棉布（IE2014-1）
裡布＝厚牛津布（HSK550-1）
　　　　　　　　　／鎌倉SWANY

no. 10

鋁口金包

作法 ⊕ P.97

這是一款輪廓圓圓蓬蓬的可愛鋁口金
包。袋口可以「啪」一下打開,拿取東
西很方便。

表布＝印花牛津棉布（IE2012-2）
裡布＝厚牛津布（HSK550-4）
　　　　　　　　　／鎌倉SWANY

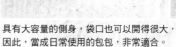

具有大容量的側身,袋口也可以開得很大,
因此,當成日常使用的包包,非常適合。

no. 8

no. 9

no. 10

---

technique guide
技術指導

no.8

| [彈簧口金] 步驟解說 | P.43 | [三角側身] 步驟解說 | P.18 |

no.9

| [便利口金] 步驟解說 | P.44 | [三角側身] 步驟解說 | P.18 |

no.10

| [鋁口金] 步驟解說 | P.42 | [三角側身] 步驟解說 | P.18 |

將內口袋（扁平款）直接縫合固定在裡布上。

no.11

圓底氣球包

作法 ⊕ P.98

圓底蓬蓬鼓鼓的袋形，
是一款可愛的氣球包。
將裡布及滾邊的斜紋布條的顏色統一，
呈現出作品的整體感。

表布＝印花牛津棉布（IE4028-1）
裡布＝棉麻帆布（HSK770-20）

／鎌倉SWANY

technique guide

技術指導

[褶子的縫法] 步驟解說	P.14	[圓底] 步驟解說	P.22
[斜紋布條的作法] 步驟解說	P.26		
[斜紋布條的縫法] 步驟解說	P.27		
[內口袋（扁平款）] 步驟解說	P.32		

no.11

Part
8

以喜歡的布料製作手作包

no. **12**

在包包的袋口縫上磁釦，袋形也能藉此
保持安定。

no. **12**

打褶肩背包

作法 ⊖ P.99

在簡單的四方袋形打褶所製作而成的包包。
皮革提把設計更加增添作品的時髦感。

表布＝棉麻刺繡布（IE3129-1）
裡布＝素色麻布（VENT・HSK270-32）

／鎌倉 SWANY

technique guide
──技術指導──

[打褶側身] 步驟解說	P.23
[使用方便的工具暫時固定的方法] 參照	P.10
[磁釦的裝法] 步驟解說	P.62

內側的隔層也縫上袋蓋。

內側分成3個口袋夾層。

no.13

皮革零錢包

作法 ➡ P.100

沿著紙型裁剪皮革，一邊摺疊皮革，

一邊只需要以鉚釘固定即可完成。

不需要車縫，以純手作方式製作這款零錢包。

本體布・裡層布＝真皮／鎌倉 SWANY

technique guide
技術指導

[彈簧釦的裝法]
步驟解說　　　　　　　　　　P.56

[關於鉚釘]
步驟解說　　　　　　　　　　P.58

no.13

法國紙幣・硬幣／ Antique trifle

以喜歡的布料製作手作包

no. 14 · 15

貝殼小包・方形小包

作法 ⊕ P.101

不需要處理布邊，

容易操作是防水加工布料的魅力。

不管是更換壓布腳，

或使用矽膠噴霧，

稍微費心的步驟則是必要的。

no.14
表布＝防水加工布（亮面）
no.15
表布＝防水加工布（霧面）
　　　　　／鎌倉SWANY

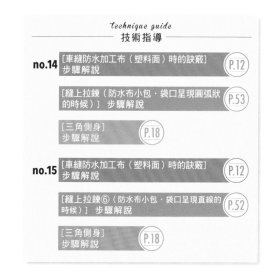

technique guide
技術指導

no.14 ［車縫防水加工布（塑料面）時的訣竅］
步驟解說 P.12

［縫上拉鍊（防水布小包・袋口呈現圓弧狀
的時候）］步驟解說 P.53

［三角側身］
步驟解說 P.18

no.15 ［車縫防水加工布（塑料面）時的訣竅］
步驟解說 P.12

［縫上拉鍊⑥（防水布小包・袋口呈現直線的
時候）］步驟解說 P.52

［三角側身］
步驟解說 P.18

no. 16

no. 17

no. 16 · 17

口金包

作法 ⊕ P.102

圓圓的形狀很可愛，

是一款手掌尺寸的口金包。

是會讓人想要多作幾個不同顏色的口金包啊！

no.16
表布＝印花牛津棉布（IE3122-1）
別布＝印花牛津棉布（IE3108-1）
裡布＝素色棉麻布（MASON・HSK610-5）

no.17
表布＝印花牛津棉布（IE3122-2）
別布＝印花牛津棉布（IE3124-2）
裡布＝素色棉麻布（MASON・HSK610-11）

／鎌倉SWANY

打開口金包的時候，可以看到顏色漂亮
的裡布，細節的處理也不馬虎。

technique guide
技術指導

no.16 & 17

［口金］
步驟解說　　　　　　　P.40

no.1

P.78 no.1 托特包（L）

材料

表布110cm寬（水洗加工8號帆布）	100cm
別布110cm寬（水洗加工8號帆布）	60cm
裡布135cm寬（牛津布）	70cm
3圈拉鍊20cm	1條
布襯（soft）92cm寬	100cm

完成尺寸

寬	54cm	高	36cm	側身	22cm

原寸紙型 B面

[作法順序]

1. 車縫前的準備。
2. 製作提把。
3. 製作本體表布。
4. 製作內口袋，縫上。
5. 將本體表布及本體裡布疊合。

[裁布圖]

※ 未附本體表布、本體裡布之外的紙型。請根據標記的尺寸直接裁剪。
※ ●內的數字為縫份尺寸。除了指定處之外，請皆加上1cm的縫份再裁剪。

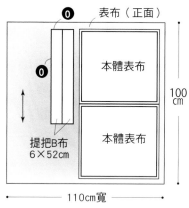

表布（正面）
本體表布
本體表布
提把B布 6×52cm
110cm寬
100cm

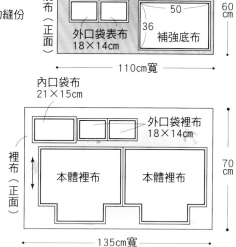

提把A布 98×6cm
別布（正面）
外口袋表布 18×14cm
補強底布 50 36
60cm
110cm寬

內口袋布 21×15cm
外口袋裡布 18×14cm
裡布（正面）
本體裡布
本體裡布
70cm
135cm寬

no.2

P.78 no.2 托特包（M）

材料

表布110cm寬（水洗加工8號帆布）	50cm
別布110cm寬（水洗加工8號帆布）	50cm
裡布137cm寬（牛津布）	50cm
布襯（soft）92cm寬	90cm

完成尺寸

寬	45cm	長	30cm	側身	19cm

原寸紙型 B面

[作法順序]

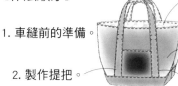

1. 車縫前的準備。
2. 製作提把。
3. 製作本體表布。
4. 製作內口袋，縫上。
5. 將本體表布及本體裡布疊合。

[裁布圖]

※ 未附本體表布、本體裡布之外的紙型。
※ ●內的數字為縫份尺寸。除了指定處之外，請加上1cm的縫份再裁剪。

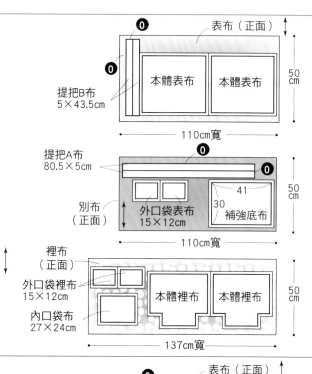

表布（正面）
提把B布 5×43.5cm
本體表布
本體表布
50cm
110cm寬

提把A布 80.5×5cm
別布（正面）
外口袋表布 15×12cm
補強底布 41 30
50cm
110cm寬

裡布（正面）
外口袋裡布 15×12cm
本體裡布
本體裡布
內口袋布 27×24cm
50cm
137cm寬

---

no.3

P.78 no.3 托特包（S）

材料

表布110cm寬（水洗加工8號帆布）	40cm
別布110cm寬（水洗加工8號帆布）	30cm
裡布135cm寬（牛津布）	40cm
布襯（soft）92cm寬	40cm

完成尺寸

寬	38cm	長	25.5cm	側身	16cm

原寸紙型 B面

[作法順序]

1. 車縫前的準備。
2. 製作提把。
3. 製作本體表布。
4. 製作內口袋並縫上。
5. 將本體表布及本體裡布疊合。

[裁布圖]

※ 未附本體表布、本體裡布之外的紙型。
※ ●內的數字為縫份尺寸。除了指定處之外，請加上1cm的縫份再裁剪。

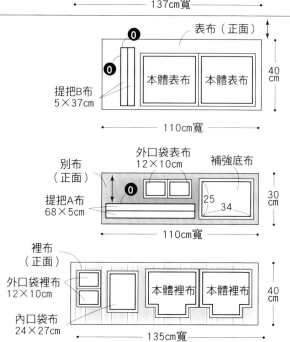

表布（正面）
提把B布 5×37cm
本體表布
本體表布
40cm
110cm寬

別布（正面）
外口袋表布 12×10cm
補強底布 25 34
提把A布 68×5cm
30cm
110cm寬

裡布（正面）
外口袋裡布 12×10cm
本體裡布
本體裡布
內口袋布 24×27cm
40cm
135cm寬

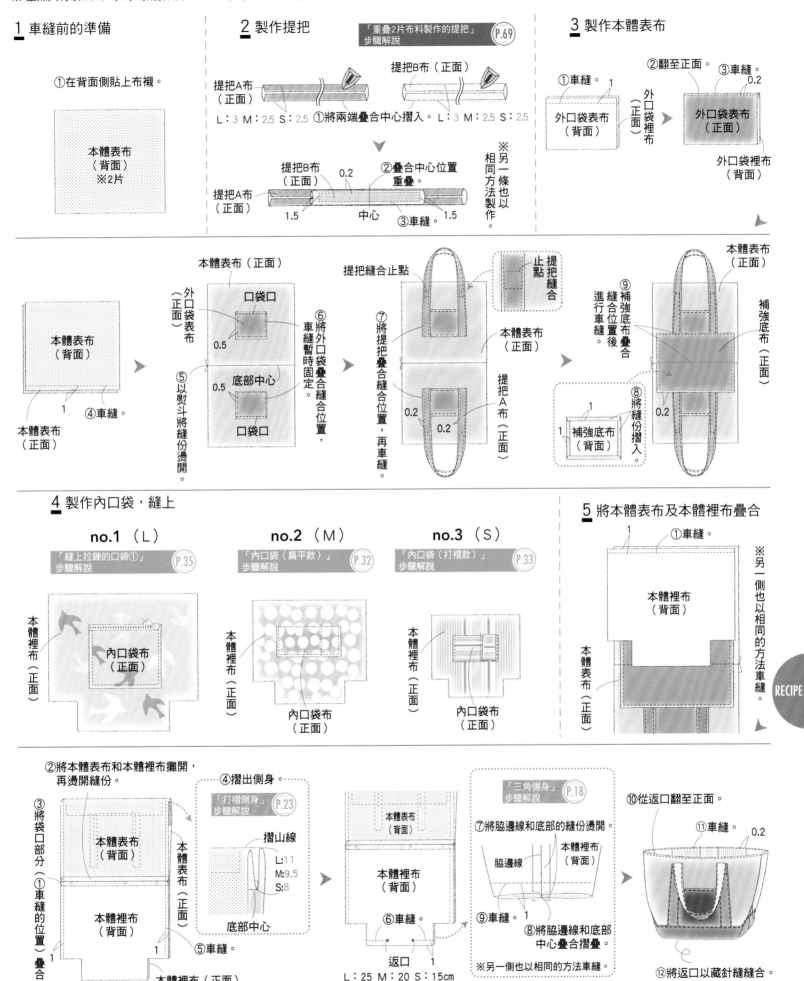

※ 雖然只有以 no.3（S）解說作法，no.1（L）、no.2（M）的作法也相同。

1 車縫前的準備

①在背面側貼上布襯。

本體表布（背面）
※2片

2 製作提把

「重疊2片布料製作的提把」步驟解說 P.69

提把A布（正面） 提把B布（正面）

①將兩端疊合中心摺入。 L：3 M：2.5 S：2.5

L：3 M：2.5 S：2.5

提把B布（正面） 0.2 ②疊合中心位置重疊。

提把A布（正面）

1.5 中心 ③車縫。 1.5

※另一條也以相同方法製作。

3 製作本體表布

①車縫。 1 ②翻至正面。 ③車縫。 0.2

外口袋表布（背面）

外口袋裡布

外口袋表布（正面）

外口袋裡布（背面）

本體表布（背面）

④車縫。 1

本體表布（正面）

本體表布（正面）

外口袋表布（正面）

口袋口 0.5

底部中心 0.5

口袋口

⑤以熨斗將縫份燙開。

⑥將外口袋疊合縫合位置，車縫暫時固定。

提把縫合止點

止點 提把縫合

本體表布（正面）

⑦將提把疊合縫合位置，再車縫。

提把A布（正面） 0.2

0.2

本體表布（正面）

補強底布（正面）

⑨補強底布疊合縫合位置後進行車縫。

補強底布（背面）

1 1 ⑧將縫份摺入。

0.2

4 製作內口袋，縫上

no.1（L）
「縫上拉鍊的口袋①」步驟解說 P.35

本體裡布（正面）

內口袋布（正面）

no.2（M）
「內口袋（扁平款）」步驟解說 P.32

本體裡布（正面）

內口袋布（正面）

no.3（S）
「內口袋（打褶款）」步驟解說 P.33

本體裡布（正面）

內口袋布（正面）

5 將本體表布及本體裡布疊合

①車縫。 1

本體裡布（背面）

本體表布（正面）

※另一側也以相同的方法車縫。

RECIPE

---

②將本體表布和本體裡布攤開，再燙開縫份。

③將袋口部分①（車縫的位置）疊合。

本體表布（背面）

本體裡布（背面）

①車縫的位置

1

④摺出側身。
「打褶側身」步驟解說 P.23

摺山線

L：11 M：9.5 S：8

底部中心

本體表布（正面）

⑤車縫。

本體裡布（正面）

本體表布（背面）

本體裡布（背面）

⑥車縫。

返口 1

L：25 M：20 S：15cm

「三角側身」步驟解說 P.18

⑦將脇邊線和底部的縫份燙開。

脇邊線

本體裡布（背面）

⑨車縫。 1

⑧將脇邊線和底部中心疊合摺疊。

※另一側也以相同的方法車縫。

---

⑩從返口翻至正面。

⑪車縫。 0.2

⑫將返口以藏針縫縫合。

no.4

P.79　**no.4**　兩用托特包

材料

表布150cm寬（亞麻帆布）	30cm
裡布105cm寬（素色麻布）	30cm
皮革15cm寬	15cm
布襯（soft）92cm寬	50cm
皮革帶2cm寬	60cm
5圈拉鍊長度35cm	1條
D形環2cm寬	2個
問號鉤2.5cm寬	2個
移動圈2.5cm寬	1個
亞麻織帶2.5cm寬	150cm
底板30cm寬	15cm

完成尺寸

寬	35cm	長	22cm	側身	13cm

原寸紙型 **A面**

[裁布圖]

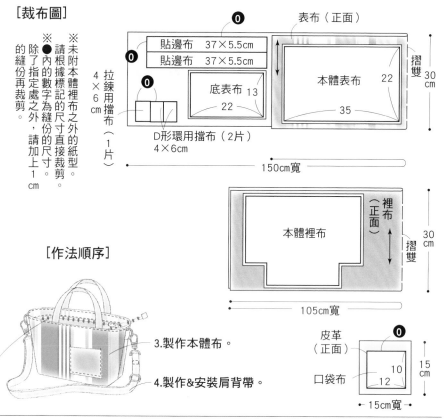

※除了指定處之外，請加上1cm的縫份再裁剪。

※●請根據標記的數字為縫份的尺寸直接裁剪。

※未附本體裡布之外的紙型

貼邊布　37×5.5cm
貼邊布　37×5.5cm
表布（正面）
本體表布 22 / 35
底表布 13 / 22
摺雙 30cm
4×6cm 拉鍊用擋布（1片）
D形環用擋布（2片）4×6cm
150cm寬

本體裡布　裡布（正面）　摺雙　30cm
105cm寬

皮革（正面）　口袋布　10 / 12　15cm　15cm寬

[作法順序]

1.車縫前的準備。
2.縫上拉鍊。
3.製作本體布。
4.製作&安裝肩背帶。

---

1 車縫前的準備

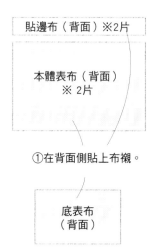

貼邊布（背面）※2片
本體表布（背面）※2片
①在背面側貼上布襯。
底表布（背面）

2 縫上拉鍊

「縫上拉鍊⑤」（夾入貼邊布和本體裡布之間的時候）步驟解說 P.51

①將拉鍊的底布邊端摺入後進行車縫。
2　0.2
9.5
拉鍊（背面）

②摺入。
拉鍊用擋布（背面）
1 / 1 / 1

③以皮革夾住。
0.2
④車縫。
拉鍊（正面）

⑤將本體裡布及貼邊布正面相對疊合，再將拉鍊夾入其間。
1 / 0.7
4.5　1　⑥車縫。　4.5
貼邊布（背面）
拉鍊縫合止點
本體裡布（正面）
拉鍊（正面）

---

⑦將貼邊布翻至正面。
貼邊布（正面）
拉鍊（背面）
0.2　⑨車縫。
本體裡布（正面）
⑧將縫份倒向本體裡布側。
⑩另一側也以相同的方法進行車縫。

3 製作本體布

「提把的縫法①」步驟解說 P.70

①製作D形環用的擋布
a.將兩邊疊合中心摺入。
D形環用擋布（正面）
2 / 6
0.2
b.車縫。
c.穿過D形環，對摺。
d.車縫暫時固定。
0.5
※作出2個

②將提把疏縫暫時固定。
皮革帶30cm（背面）
2 / 5 / 5
中心
0.5　0.5
本體表布（正面）
④車縫。
7.5
0.5
4
口袋布（正面）
③疏縫暫時固定。
2
0.5

※另一片本體表布只需將提把疏縫暫時固定。

「皮革口袋」步驟解說 P.39

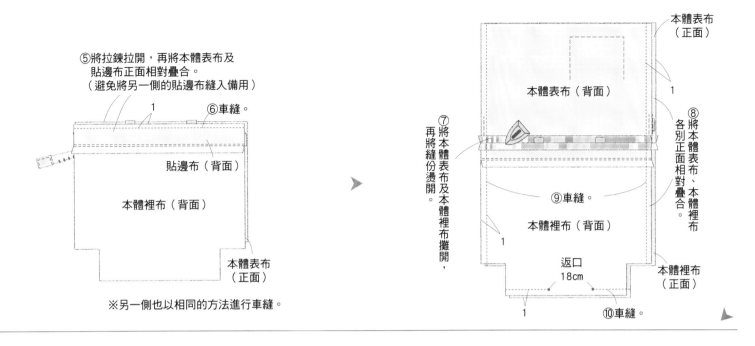

⑤將拉鍊拉開，再將本體表布及
貼邊布正面相對疊合。
（避免將另一側的貼邊布縫入備用）

1　⑥車縫。

貼邊布（背面）

本體裡布（背面）

本體表布（正面）

※另一側也以相同的方法進行車縫。

本體表布（正面）

本體表布（背面）

1

⑦將本體表布及本體裡布攤開，再將縫份燙開。

⑧將本體表布、本體裡布各別正面相對疊合。

⑨車縫。

本體裡布（背面）

1

返口　18cm

本體裡布（正面）

1　⑩車縫。

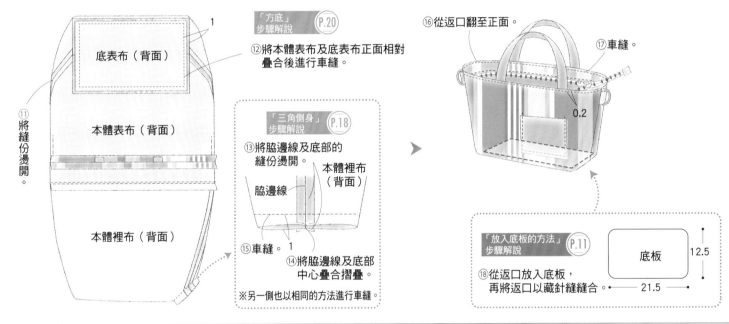

底表布（背面）

1

「方底」步驟解說　P.20

⑫將本體表布及底表布正面相對疊合後進行車縫。

⑪將縫份燙開。

本體表布（背面）

本體裡布（背面）

「三角側身」步驟解說　P.18

⑬將脇邊線及底部的縫份燙開。

本體裡布（背面）

脇邊線

⑮車縫。　1

⑭將脇邊線及底部中心疊合摺疊。

※另一側也以相同的方法進行車縫。

⑯從返口翻至正面。

⑰車縫。

0.2

「放入底板的方法」步驟解說　P.11

⑱從返口放入底板，再將返口以藏針縫縫合。

底板　12.5　21.5

4 製作肩背帶，裝上

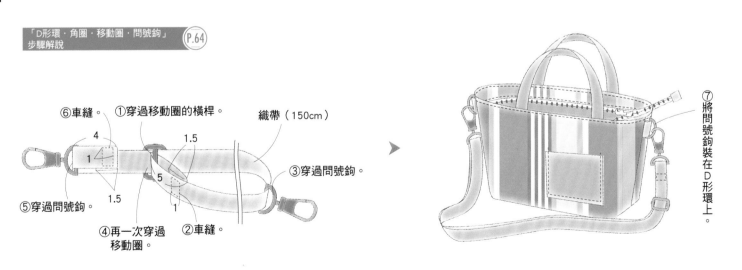

「D形環・角圈・移動圈・問號鉤」步驟解說　P.64

⑥車縫。　①穿過移動圈的橫桿。　織帶（150cm）

4
1　4
1.5
③穿過問號鉤。
5
②車縫。
⑤穿過問號鉤。　1.5　1
④再一次穿過移動圈。

⑦將問號鉤裝在D形環上。

no.5

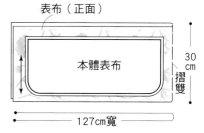

P.80　no.5　祖母包（S）

材料

表布127cm寬（棉麻刺繡布）		30cm
裡布105cm寬（素色麻布）		70cm
圓棉繩（直徑1cm）		120cm

完成尺寸

寬	56cm	長	27cm	（開口部分約35cm）

原寸紙型 A面

[裁布圖]

※未附提把用布的紙型。
　請根據標記的尺寸直接裁剪。
※●內的數字為縫份的尺寸。
　除了指定處之外，請皆加上1cm的
　縫份再裁剪。

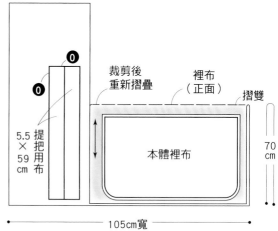

表布（正面）
本體表布
30cm
摺雙
127cm寬

❶ ❶
5.5×59cm 提把用布
裁剪後重新摺疊
裡布（正面）
摺雙
本體裡布
70cm
105cm寬

[作法順序]

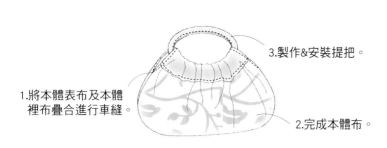

1. 將本體表布及本體裡布疊合進行車縫。

2. 完成本體布。

3. 製作&安裝提把。

---

1 將本體表布及本體裡布疊合進行車縫

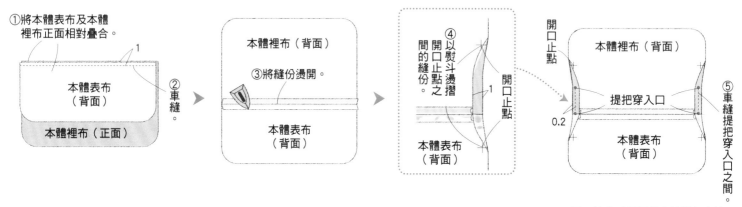

①將本體表布及本體裡布正面相對疊合。
本體表布（背面）
本體裡布（正面）
②車縫。

本體裡布（背面）
③將縫份燙開。
本體表布（背面）

④以熨斗燙摺開口止點之間的縫份。
開口止點
本體表布（背面）

開口止點
本體裡布（背面）
提把穿入口
0.2
本體表布（背面）
⑤車縫提把穿入口之間。

※另一片也以相同的方法進行車縫。

---

2 完成本體布

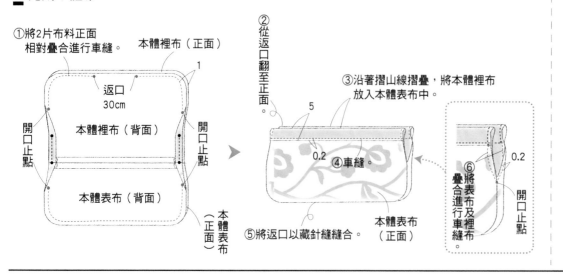

①將2片布料正面相對疊合進行車縫。
本體裡布（正面）
返口 30cm
開口止點
本體裡布（背面）
開口止點
本體表布（背面）
（本體表布正面）

②從返口翻至正面。
③沿著摺山線摺疊，將本體裡布放入本體表布中。
5
0.2
④車縫。
⑤將返口以藏針縫縫合。
本體表布（正面）

⑥將表布及裡布疊合進行車縫
0.2
開口止點

3 製作提把，縫上

「以圓棉繩製作提把的作法」
步驟解說　P.72

no.6

P.80　**no.6**　祖母包（M）

材料

表布137cm寬（棉麻刺繡布）	30cm
裡布105cm寬（素色麻布）	80cm
半月形提把・竹子（內寸22.5cm）	1組

完成尺寸

寬 62cm　長 30cm　（開口部約28cm）

原寸紙型 A面

［裁布圖］

※請加上1cm的縫份後裁剪。

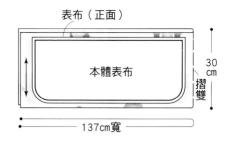

表布（正面）

30 cm

摺雙

137cm寬

摺雙

裡布（正面）

本體裡布

80 cm

105cm寬

［作法順序］

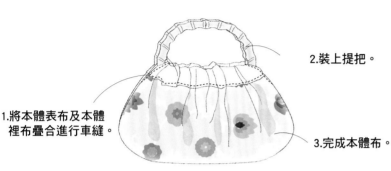

1.將本體表布及本體裡布疊合進行車縫。

2.裝上提把。

3.完成本體布。

1 將本體表布及本體裡布疊合進行車縫。 → ※參考P.92步驟**1**車縫。

2 裝上提把　「各種形狀的提把」介紹 **P.75**

①沿著摺山線摺疊。

6

本體裡布（正面）

本體表布（正面）

本體裡布（背面）

②從本體裡布側穿過提把。

本體裡布（正面）

提把

本體表布（背面）

③將布一點一點地縮皺，以珠針暫時固定。

0.2

④車縫。

※另一片也以相同的方法裝上提把。

RECIPE

3 完成本體布

①將本體表布及本體裡布攤開。

返口
40cm

1

本體裡布（正面）

③車縫

本體裡布（背面）

開口止點

②將本體表布、本體裡布各別正面相對疊合。

本體表布（背面）

1

④車縫。

本體表布（正面）

⑤從返口翻至正面。

0.2

⑥將表布及裡布疊合進行車縫。

開口止點

⑦將返口藏針縫合。

no.7

P.81　no.7　束口托特包

材料

表布140cm寬（牛津布）	40cm
別布137cm寬（牛津布）	40cm
裡布110cm寬（棉麻帆布）	40cm
布襯（medium）92cm寬	70cm
皮革帶2cm寬	230cm
棉繩直徑0.3cm	220cm
底板20cm寬	15cm

完成尺寸

| 寬 | 44cm | 長 | 30.5cm | 側身 | 11cm |

原寸紙型 A面

[裁布圖]

※未附束口布、內口袋布的紙型。請根據標記的尺寸直接裁剪。
※●內的數字為縫份的尺寸。
　除了指定處之外，請皆加上1cm的縫份再裁剪。

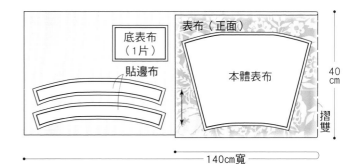

底表布（1片）
貼邊布
表布（正面）
本體表布
40cm
摺雙
140cm寬

[作法順序]

1.車縫前的準備。
2.製作束口布。
3.完成本體表布。
4.完成本體裡布。
5.製作內口袋。
6.將束口布及本體表布、裡布疊合。

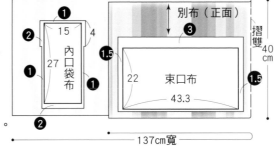

內口袋布　15　4　27
別布（正面）
束口布　22　43.3　1.5　1.5
摺雙　40cm
137cm寬

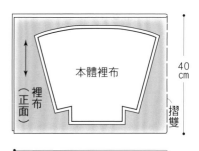

本體裡布
裡布（正面）
摺雙　40cm
110cm寬

---

1 車縫前的準備

①在背面側貼上布襯。

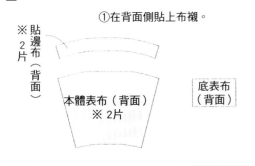

※貼邊布2片
本體表布（背面）※2片
底表布（背面）

2 製作束口布

「束口布的作法」步驟解說 P.24

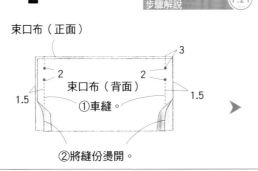

束口布（正面）
3
2　束口布（背面）　2
1.5　①車縫。　1.5
②將縫份燙開。

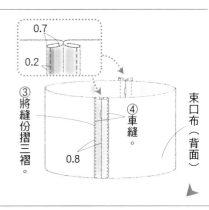

0.7
0.2
③將縫份摺三褶。
④車縫。
0.8
束口布（背面）

---

3 完成本體表布

⑤將袋口的縫份摺三褶。
⑥車縫。
1
2　0.2
束口布（背面）

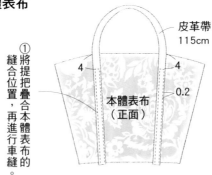

皮革帶115cm
①將提把疊合本體表布的縫合位置，再進行車縫。
4　4
0.2
本體表布（正面）

※另一片也以相同的方法進行車縫。

「方底」步驟解說 P.20

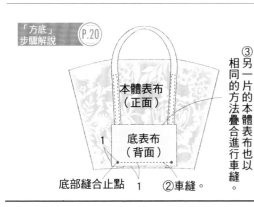

本體表布（正面）
底表布（背面）
1
底部縫合止點　1　②車縫。
③另一片的本體表布也以相同的方法疊合進行車縫。

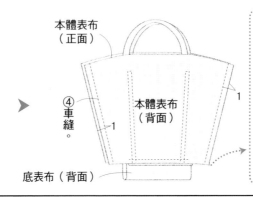

本體表布（正面）
④車縫。
本體表布（背面）
1
1
底表布（背面）
底部縫合止點

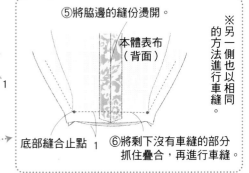

⑤將脇邊的縫份燙開。
本體表布（背面）
⑥將剩下沒有車縫的部分抓住疊合，再進行車縫。
※另一側也以相同的方法進行車縫。

---

4 完成本體裡布

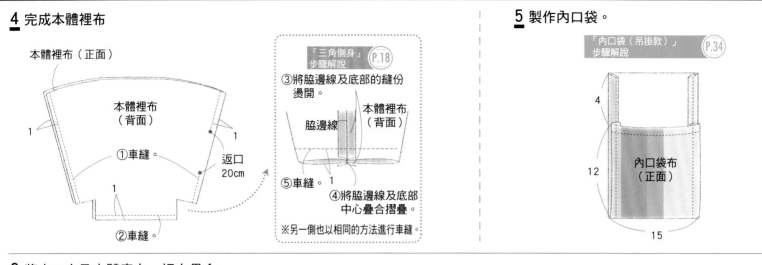

本體裡布（正面）

本體裡布（背面）

1

1

①車縫。

1

②車縫。

返口 20cm

「三角側身」步驟解說 P.18

③將脇邊線及底部的縫份燙開。

脇邊線

本體裡布（背面）

⑤車縫。 1

④將脇邊線及底部中心疊合摺疊。

※另一側也以相同的方法進行車縫。

5 製作內口袋。

「內口袋（吊掛款）」步驟解說 P.34

4

12

內口袋布（正面）

15

6 將束口布及本體表布、裡布疊合

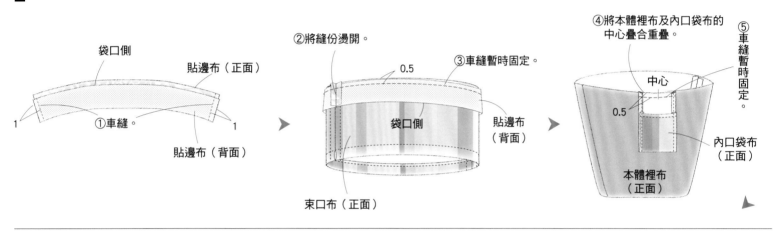

袋口側

貼邊布（正面）

①車縫。

1

1

貼邊布（背面）

②將縫份燙開。

0.5

③車縫暫時固定。

袋口側

貼邊布（背面）

束口布（正面）

④將本體裡布及內口袋布的中心疊合重疊。

中心

0.5

⑤車縫暫時固定。

內口袋布（正面）

本體裡布（正面）

⑥疊合脇邊線，本體裡布正面相對疊合，再將貼邊布及本體裡布正面相對疊合。

⑦車縫。

貼邊布（背面）

1

束口布（正面）

本體裡布（正面）

⑧將縫份倒向貼邊布側後進行車縫。

束口布（正面）

0.2

本體裡布（正面）

束口布（正面）

本體表布（背面）

⑨將本體裡布放入本體表布中。

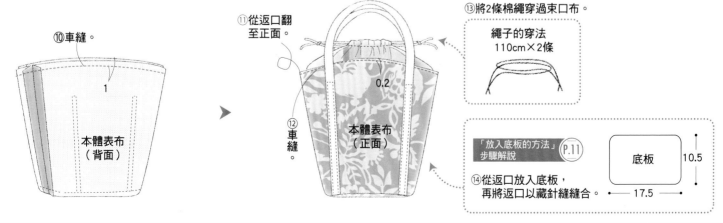

⑩車縫。

1

本體表布（背面）

⑪從返口翻至正面。

⑫車縫。

0.2

本體表布（正面）

⑬將2條棉繩穿過束口布。

繩子的穿法
110cm×2條

「放入底板的方法」步驟解說 P.11

底板

10.5

17.5

⑭從返口放入底板，再將返口以藏針縫縫合。

RECIPE

no.8

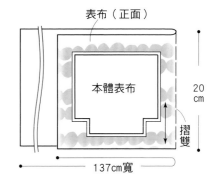

P.82　no.8　彈簧口金小包

材料

表布137cm寬（牛津布）	20cm
裡布110cm寬（牛津布）	20cm
布襯（soft）92cm寬	20cm
彈簧口金12cm寬	1條

完成尺寸

寬 15cm	長 12.5cm	側身 5cm	（開口部約12cm）

原寸紙型 A面

[裁布圖]

※未附袋口布的紙型。
　請根據標記的尺寸直接裁剪。
※●內的數字為縫份的尺寸。
　除了指定處之外，請皆加上1cm的
　縫份再裁剪。

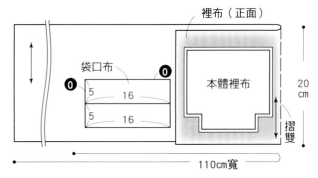

表布（正面）

本體表布

20cm

摺雙

137cm寬

[作法順序]

1.車縫前的準備。

2.製作袋口布。

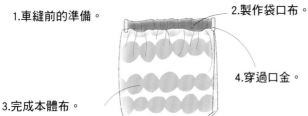

4.穿過口金。

3.完成本體布。

裡布（正面）

袋口布

本體裡布

0		0
5	16	
5	16	

20cm

摺雙

110cm寬

---

1 車縫前的準備

①在背面側貼上布襯。

本體表布（背面）
※2片

2 製作袋口布

①將兩端摺入。　②車縫。

1　0.5　1

袋口布（背面）

摺雙側　③對摺。

袋口布（正面）

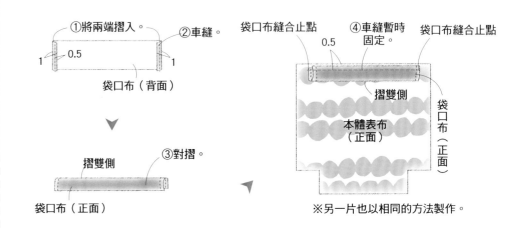

袋口布縫合止點　④車縫暫時固定。　袋口布縫合止點

0.5

摺雙側

本體表布（正面）

袋口布（正面）

※另一片也以相同的方法製作。

---

3 完成本體布

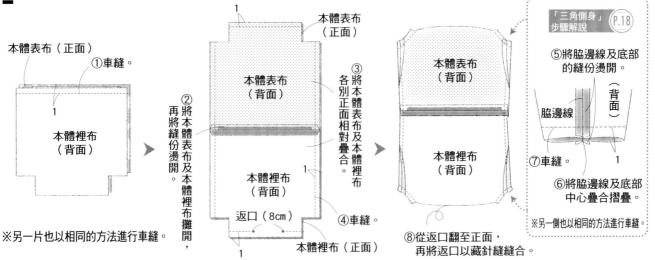

本體表布（正面）

①車縫。

1

本體裡布（背面）

1

※另一片也以相同的方法進行車縫。

②將本體表布及本體裡布攤開，再將縫份燙開。

本體表布（正面）

1

本體表布（背面）

③各別正面相對疊合。

本體裡布（背面）

1

返口（8cm）

④車縫。

1

本體裡布（正面）

「三角側身」步驟解說 P.18

本體表布（背面）

本體裡布（背面）

⑤將脇邊線及底部的縫份燙開。

脇邊線　（背面）

⑦車縫。　1

⑥將脇邊線及底部中心疊合摺疊。

※另一側也以相同的方法進行車縫。

⑧從返口翻至正面，再將返口以藏針縫縫合。

4 穿過口金

「彈簧口金」步驟解說 P.43

no.9

P.82　no.9　便利口金包

材料

表布137cm寬（牛津布）	30cm
裡布110cm寬（牛津布）	30cm
布襯（soft）92cm寬	30cm
便利口金15cm寬	1付

完成尺寸

寬	22cm	長	15.5cm	側身	11cm	（開口部分約15cm）

原寸紙型 A面

[裁布圖]

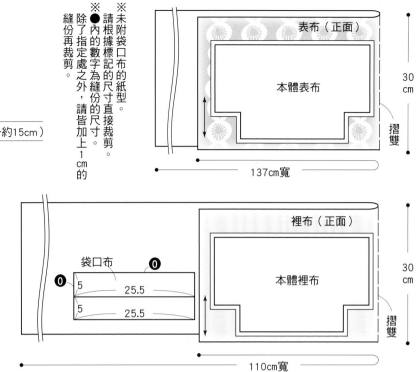

※未附袋口布的紙型。請根據標記的尺寸直接裁剪。
※●內的數字為縫份的尺寸。
除了指定處之外，請皆加上1cm的縫份再裁剪。

表布（正面）

本體表布

30cm

摺雙

137cm寬

裡布（正面）

袋口布　❶　❶
❶　5　25.5
5　25.5

本體裡布

30cm

摺雙

110cm寬

[作法順序]

※ 1. 至 3. 的作法，與P.96「**no.8** 彈簧口金小包」作法相同，
4. 請參照P.44「便利口金」的步驟解說。

1.車縫前的準備

2.製作袋口布

4.穿過口金。

3.完成本體布

「便利口金」步驟解說 P.44

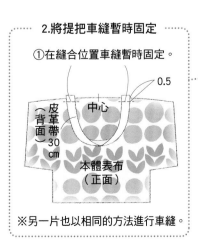

no.10

P.82　no.10　鋁口金包

材料

表布137cm寬（牛津布）	30cm
裡布110cm寬（牛津布）	40cm
布襯（medium）92cm寬	30cm
皮革帶2cm寬	60cm
鋁口金21cm寬	1條

完成尺寸

寬	21cm	長	18.5cm	側身	15cm

原寸紙型 A面

[裁布圖]

※未附袋口布的紙型。
　請根據標記的尺寸直接裁剪。
※●內的數字為縫份的尺寸。
　除了指定處之外，請皆加上1cm的縫份再裁剪。

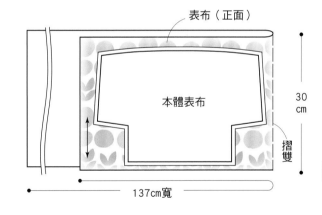

表布（正面）

本體表布

30cm

摺雙

137cm寬

裡布（正面）

❶　6.7　37　袋口布　❶

本體裡布

40cm

摺雙

110cm寬

[作法順序]

※ 1.、3.、4.的作法，與P.96「**no.8** 彈簧口金小包」的作法相同。
5.請參照P.42「鋁口金」的步驟解說。

2.將提把車縫暫時固定

①在縫合位置車縫暫時固定。

0.5

皮革帶（背面）

中心

30cm

本體表布（正面）

※另一片也以相同的方法進行車縫。

1.車縫前的準備

3.製作袋口布

5.穿過口金

「鋁口金」步驟解說 P.42

4.完成本體布

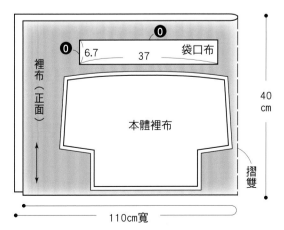

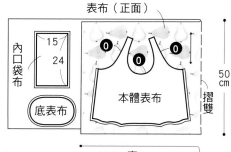

no.11

P.83　no.11　圓底氣球包

材料

表布135cm寬（牛津布）	50cm
裡布110cm寬（棉麻帆布）	100cm
布襯（medium）92cm寬	50cm
底板20cm寬	15cm

完成尺寸

寬	39cm	長	32cm	側身	12cm

原寸紙型 **B面**

[裁布圖]

※未附內口袋、斜紋布條的紙型。
請根據標記的尺寸直接裁剪。
※●內的數字為縫份的尺寸。
除了指定處之外，請皆加上1cm的
縫份再裁剪。

「斜紋布條的作法」
步驟解說　P.26

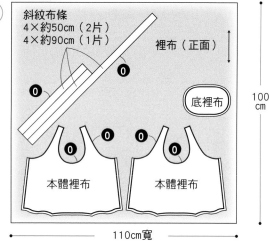

表布（正面）

內口袋布　15　24

底表布

本體表布

135cm寬
50cm
摺雙

斜紋布條
4×約50cm（2片）
4×約90cm（1片）

裡布（正面）

底裡布

本體裡布　本體裡布

110cm寬
100cm

[作法順序]

1.車縫前的準備
4.製作提把
2.將本體表布及本體裡布縫合
3.車縫底部

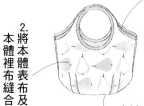

1　車縫前的準備

①在背面側貼上布襯。

本體表布（背面）※2片

底裡布（背面）

2　將本體表布及本體裡布縫合

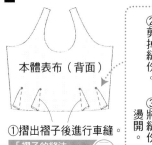

本體表布（背面）

①摺出褶子後進行車縫。

「褶子的縫法」
步驟解說　P.14

②剪掉縫份。　0.5
③燙開。將縫份。

※另一片也以相同的方法製作。

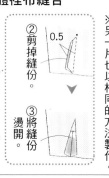

本體裡布（背面）

④車縫褶子，將縫份倒向中心側。
※另一片也以相同的方法製作。

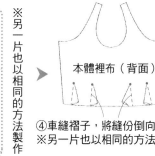

本體裡布（正面）

「內口袋（扁平款）」
步驟解說　P.32

⑤製作內口袋，縫上。
※省去車縫隔層的壓線。

內口袋布（正面）
12　15

本體表布（背面）

⑥車縫
⑦將縫份燙開。

1

※本體裡布也以相同的方法製作。

3　車縫底部

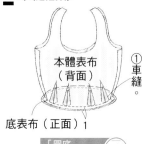

本體表布（背面）

①車縫。

底表布（正面）1

「圓底」
步驟解說　P.22

※本體裡布也以相同的方法製作。

②將底板裁成比底部的紙型周圍小0.5cm的尺寸。

底板

底部的紙型（完成線）　0.5

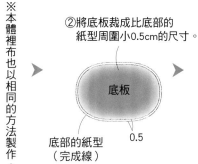

③將表布及裡布的底部縫份各別疊合，進行車縫至一半的位置。

本體表布（背面）
0.5
本體裡布（背面）

④將底裡布放入底表布及底裡布之間。

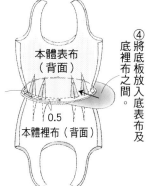

本體表布（背面）

本體裡布（背面）　0.5

⑤進行車縫剩下的一半位置。
※不易車縫時，將壓布腳換成單邊壓布腳（拉鍊壓布腳）。

4　製作提把

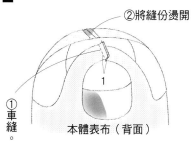

①車縫。
②將縫份燙開。

1

本體表布（背面）

※本體裡布的提把也以相同的方法進行車縫。

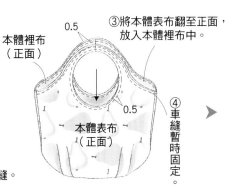

③將本體表布翻至正面，放入本體裡布中。

本體裡布（正面）
0.5
0.5
本體表布（正面）

④車縫暫時固定。

⑤車縫後燙開。

1

提把的接合處

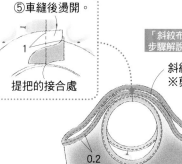

「斜紋布條的縫法」
步驟解說　P.27

斜紋布條（正面）
※剪掉多餘的部分。

0.2

本體裡布（正面）

1　脇邊線

⑤車縫後燙開。

P.84　no.12　打褶肩背包

材料

表布127cm寬（棉麻刺繡布）	80cm
裡布105cm寬（素色麻布）	80cm
磁釦直徑1.8cm	1個
F襯・薄襯（3×3cm）	各2片
皮革帶4cm寬	36cm

完成尺寸

寬 40cm	長 29cm	側身 16cm

[裁布圖]

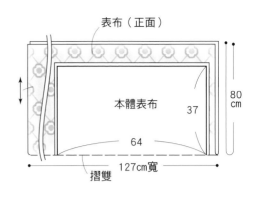

※請加上1cm的縫份再裁剪。
※請根據標記的尺寸直接裁剪。
※未附原寸紙型。

表布（正面）

本體表布

37

80cm

64

127cm寬

摺雙

[作法順序]

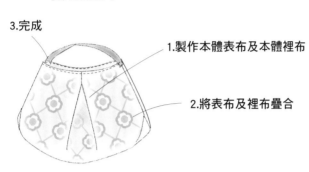

3.完成

1.製作本體表布及本體裡布

2.將表布及裡布疊合

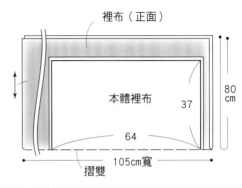

裡布（正面）

本體裡布

37

80cm

64

105cm寬

摺雙

1 製作本體表布及本體裡布

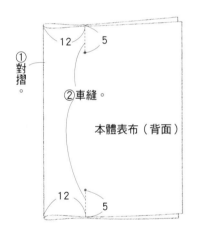

①對摺。

12　5

②車縫。

本體表布（背面）

12　5

③攤開之後摺出褶子，以車縫暫時固定。

0.5

本體表布（背面）

0.5

③攤開之後摺出褶子，以車縫暫時固定。

※本體裡布也以相同的方法進行車縫。

2 將表布及裡布疊合

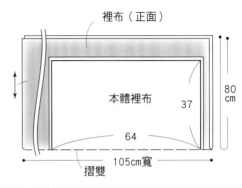

本體裡布（正面）

1

①將本體表布及本體裡布正面相對疊合進行車縫。

本體表布（背面）

★　☆

☆

底部中心

★　☆

☆

8
8

1

②將縫份燙開。

③畫出記號。

RECIPE

3 完成

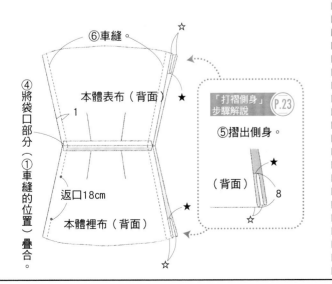

⑥車縫。

☆

④將袋口部分（①車縫的位置）疊合。

本體表布（背面）

★

1

返口18cm

本體裡布（背面）

★

☆

「打褶側身」步驟解說　P.23

⑤摺出側身。

（背面）

8

★

☆

①從返口翻至正面。

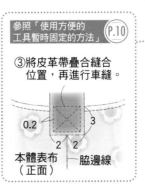

參照「使用方便的工具暫時固定的方法」　P.10

③將皮革帶疊合縫合位置，再進行車縫。

0.2

本體表布（正面）

0.3

2　2　3

脇邊線

②車縫。

「磁釦的縫法」步驟解說　P.62

④從返口將手伸進去，縫上磁釦。

中心

4

本體裡布（正面）

皮革帶36cm

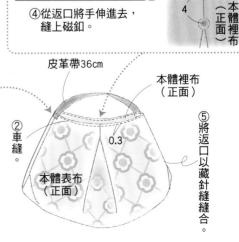

本體裡布（正面）

②車縫。

0.3

本體表布（正面）

⑤將返口以藏針縫縫合。

no.13

P.85　no.13　皮革零錢包

材料

表布30cm寬（真皮）	25cm
別布15cm寬（真皮）	20cm
裝飾釦1.8cm寬	1組
彈簧釦直徑約1.2cm	1組
鉚釘・小（直徑約0.6cm）	10組

完成尺寸

寬	13cm	長	8cm	側身	5cm

原寸紙型 **B面**

[作法順序]

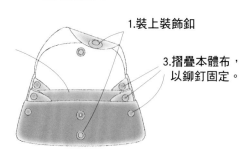

1.裝上裝飾釦
2.裝上內層布
3.摺疊本體布，以鉚釘固定。

[裁布圖]

※未附補強布的紙型。請根據標記的尺寸直接裁剪。
※●內的數字為縫份的尺寸。
　全部直接裁剪（包含縫份）。

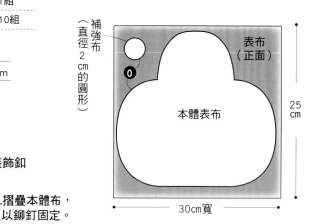

補強布（直徑2cm的圓形）
表布（正面）
本體表布
0
25cm
30cm寬

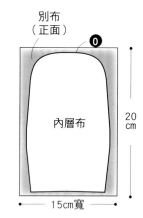

別布（正面）
內層布
0
20cm
15cm寬

---

1 裝上裝飾釦

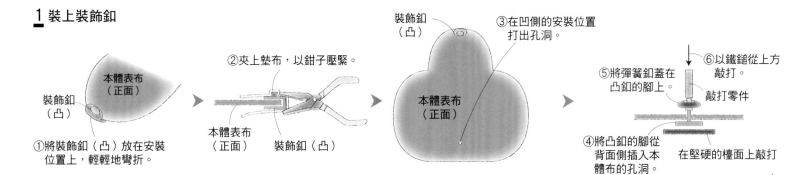

本體表布（正面）
裝飾釦（凸）
①將裝飾釦（凸）放在安裝位置上，輕輕地彎折。

②夾上墊布，以鉗子壓緊。
本體表布（正面）
裝飾釦（凸）

③在凹側的安裝位置打出孔洞。
裝飾釦（凸）
本體表布（正面）
④將凸釦的腳從背面側插入本體布的孔洞。

⑤將彈簧釦蓋在凸釦的腳上。
⑥以鐵鎚從上方敲打。
敲打零件
在堅硬的檯面上敲打

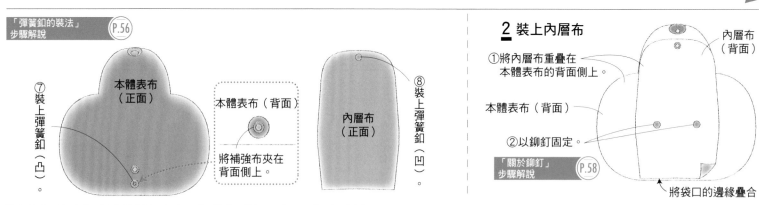

「彈簧釦的裝法」步驟解說 **P.56**

⑦裝上彈簧釦（凸）。
本體表布（正面）

本體表布（背面）
將補強布夾在背面側上。

內層布（正面）
⑧裝上彈簧釦（凹）。

2 裝上內層布

內層布（背面）
①將內層布重疊在本體表布的背面側上。
本體表布（背面）
②以鉚釘固定。
「關於鉚釘」步驟解說 **P.58**
將袋口的邊緣疊合

---

3 摺疊本體布，以鉚釘固定

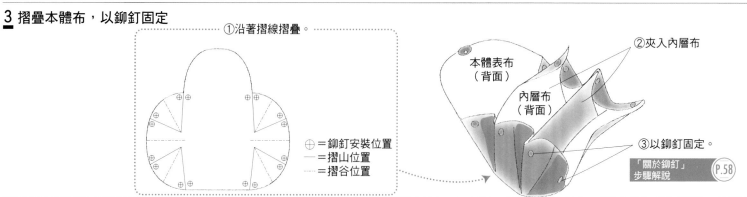

①沿著摺線摺疊。

⊕＝鉚釘安裝位置
—＝摺山位置
---＝摺谷位置

本體表布（背面）
②夾入內層布
內層布（背面）
③以鉚釘固定。
「關於鉚釘」步驟解說 **P.58**

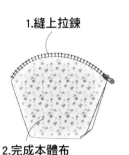

no.14

P.86　no.14　貝殼小包

材料

表布105cm寬（防水加工布）	20cm
3圈拉鍊20cm	1條

完成尺寸

寬 18cm	長 12.5cm	側身 4.5 cm

原寸紙型 A面

no.15

P.86　no.15　方形小包

材料

表布105cm寬（防水加工布）	20cm
3圈拉鍊15cm	1條

完成尺寸

寬 16cm	長 14cm	側身 7cm

原寸紙型 A面

[作法順序]

1.縫上拉鍊

2.完成本體布

[裁布圖]

※請加上1cm的縫份再裁剪。

表布（正面）

本體布

20cm

摺雙

105cm寬

[作法順序]

1.縫上拉鍊

2.完成本體布

[裁布圖]

※請加上1cm的縫份再裁剪。

表布（正面）

本體布

20cm

摺雙

105cm寬

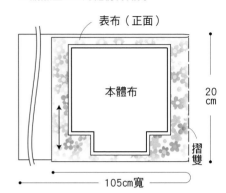

---

1 縫上拉鍊

no.14

「縫上拉鍊⑦（防水布小包，袋口呈現圓弧狀的時候）」步驟解說 P.53

本體布（正面）

本體布（正面）

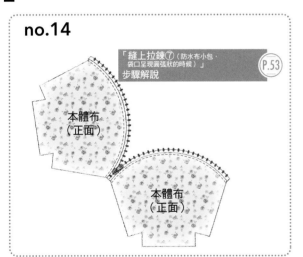

「縫上拉鍊⑥（防水布小包，袋口呈現圓弧狀的時候）」步驟解說 P.52

no.15

本體布（正面）

本體布（正面）

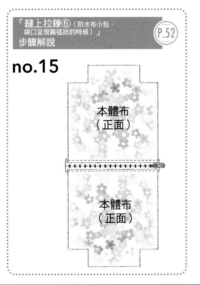

2 完成本體布

「車縫防水加工布料（塑料面）時的訣竅」步驟解說 P.12

本體布（正面）

本體布（正面）

①在縫份處貼上暫時固定膠帶。

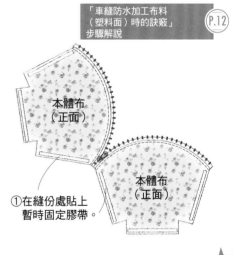

RECIPE

---

②將本體布正面相對疊合，以暫時固定膠帶貼合。
※拉開拉鍊備用。

本體布（背面）

1

1

③車縫。

1

本體表布（正面）

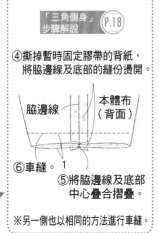

「三角側身」步驟解說 P.18

④撕掉暫時固定膠帶的背紙，將脇邊線及底部的縫份燙開。

脇邊線

本體布（背面）

⑥車縫。

1

⑤將脇邊線及底部中心疊合摺疊。

※另一側也以相同的方法進行車縫。

⑦從袋口翻至正面。

本體布（正面）

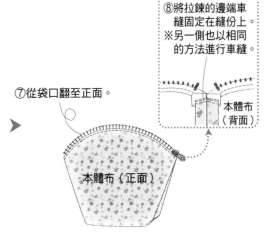

⑧將拉鍊的邊端車縫固定在縫份上。
※另一側也以相同的方法進行車縫。

本體布（背面）

※「no.15 方形小包」也以相同的方法製作。

101

P.87　no.16・17　口金包

材料

表布137cm寬（牛津布）	20cm
別布137cm寬（牛津布）	20cm
裡布105cm寬（素色棉麻布）	20cm
布襯（soft）92cm寬	20cm
口金（圓形）12cm寬	1個
紙繩 40cm	40cm

完成尺寸

寬	12cm	長	9.5cm	側身	7cm

原寸紙型 B面

[裁布圖]

※紙型包含縫份（0.5cm）。請沿著紙型裁剪。

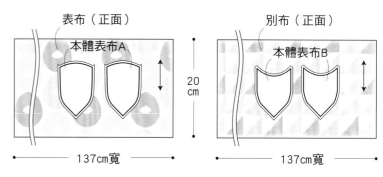

表布（正面）　本體表布A　20cm　137cm寬

別布（正面）　本體表布B　20cm　137cm寬

裡布（正面）　本體裡布B　本體裡布A　20cm　105cm寬

[作法順序]

1.車縫前的準備
2.製作本體表布及本體裡布
3.將本體表布及本體裡布疊合
4.裝上口金

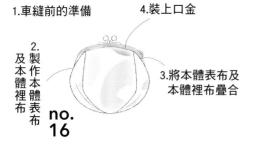

no.16

no.17

※no.17的作法也相同。

---

1 車縫前的準備

①在背面側貼上布襯。

本體表布A（背面）※2片　本體表布B（背面）※2片

2 製作本體表布及本體裡布

本體表布A（正面）

本體表布B（背面）

①車縫。
0.5
②將縫份燙開。

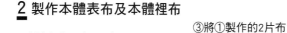

③將①製作的2片布正面相對疊合。

本體表布A（正面）

本體表布B（正面）　本體表布A（背面）　本體表布B（背面）

④車縫　0.5

⑤將縫份燙開。

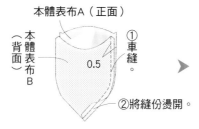

⑥本體裡布以與本體表布相同的方法縫合。※留下返口不縫。

本體裡布A（正面）

本體裡布A（背面）　本體裡布B（背面）　0.5

返口 5cm　本體裡布B（背面）

將縫份燙開。

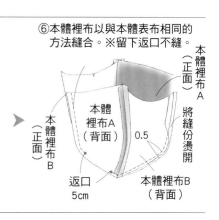

※另一組的本體表布A、B也以相同的方法進行車縫。

---

3 將本體表布及本體裡布疊合

①將本體裡布翻至正面。

②將本體表布放入本體裡布中。

本體裡布（正面）　本體表布（背面）

③將袋口疊合後進行車縫。

0.5

本體裡布（背面）　本體表布（背面）

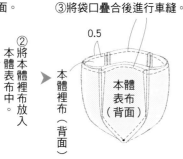

4 裝上口金

「口金」步驟解說 P.40

①將紙繩裁剪成19cm。（準備2條）

②疊合中心，將紙繩重疊在袋口的縫份位置上。

中心　本體裡布（背面）

③將紙繩縫合固定。（中心・兩端）

本體表布（背面）

④從返口翻至正面。

⑤以手縫的方式縫合紙繩的邊緣。

本體表布（正面）

⑥將返口以藏針縫縫合。

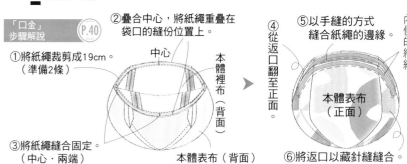

---

⑦將口金及本體布疊合，再將本體布的中心位置塞入口金的溝槽中。

口金　本體裡布（正面）　本體表布（正面）　錐子

⑧以鉗子壓緊固定鉚釘的4個位置。

夾上一塊布

本體表布（正面）　鉗子

⑨除了固定鉚釘的部分，再一次將本體布從口金的溝槽拉出來。

⑩以竹籤或錐子將白膠均勻地塗上口金的溝槽。

⑪再度將本體布塞入口金的溝槽。

本體表布（正面）

⑫從正面側以錐子的尖端整理袋形。

內側的紙繩

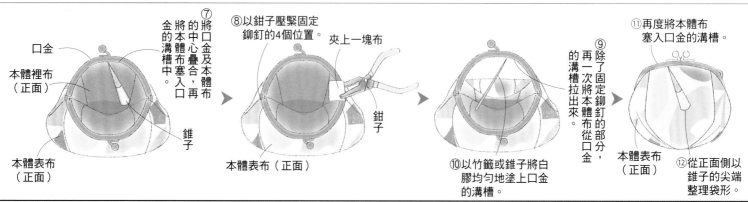

索引

（粗字代表有説明文字的頁數）

【FUN手作】128

手作包基本功一本OK！布的講究美學：
鎌倉SWANYの超簡單質感手作包

實用收錄拉鍊＆提把＆口金技巧縫法×裡袋設計，詳細圖解一級棒！

授　　權／鎌倉SWANY
譯　　者／簡子傑
發 行 人／詹慶和
總 編 輯／蔡麗玲
執行編輯／黃璟安
編　　輯／蔡毓玲·劉蕙寧·陳姿伶·李宛真·陳昕儀
執行美編／周盈汝
美術編輯／陳麗娜·韓欣恬
排　　版／造極彩色印刷製版
出 版 者／雅書堂文化事業有限公司
發 行 者／雅書堂文化事業有限公司
郵政劃撥帳號／18225950
郵政劃撥戶名／雅書堂文化事業有限公司
地　　址／220新北市板橋區板新路206號3樓
電　　話／(02)8952-4078
傳　　真／(02)8952-4084
網　　址／www.elegantbooks.com.tw
電子郵件／elegant.books@msa.hinet.net

2018年9月初版一刷　定價380元

Lady Boutique Series No.4041
ICHIBAN YOKU WAKARU BAG TSUKURI NO HON
© 2015 Boutique-sha,Inc.
All rights reserved.
Original Japanese edition published in Japan by BOUTIQUE-SHA.
Chinese（in complex character）translation rights arranged with BOUTIQUE-SHA
through Keio Cultural Enterprise Co.,Ltd.,New Taipei City,Taiwan.

經銷／易可數位行銷股份有限公司
地址／新北市新店區寶橋路235巷6弄3號5樓
電話／(02)8911-0825
傳真／(02)8911-0801

國家圖書館出版品預行編目資料

手作包基本功一本OK!布的講究美學：鎌倉SWANY
の超簡單質感手作包：實用收錄拉鍊&提把&口金
巧縫法x裡袋設計,詳細圖解一級棒! / 鎌倉SWANY
著；簡子傑譯. -- 初版. -- 新北市：雅書堂文化,
2018.09
　面；　公分. -- (FUN手作；128)
　ISBN 978-986-302-448-4(平裝)

1.手提袋 2.手工藝

426.7　　　　　　　　　　　107014194

鎌倉SWANY

1965年創業，位於湘南鎌倉的布料店。從世界各國收集而來的亞麻布、棉布、針織布料、鈕釦、織帶、包包用的材料等單品，被喻為「SWANY taste」，洋溢著絕佳的品味，聚集了許多手作的愛好者。

商店中也附設工作室，用來製作、設計店頭作品的包包或是小包，深受許多人的喜愛，材料包也很受歡迎。店裡備有全部的包包作品、材料包，當然也有即使是初學者也能簡單上手的品項，在縫法、素材選擇也都很講究。

SWANY鎌倉本店
神奈川縣鎌倉市大町1-1-8
營業時間：10時～18時
定休日：星期日

SWANY山下公園店
神奈川縣橫濱市中區山下町27番地
style山下公園the tower 3F·B1F
營業時間：10時～18時
定休日：星期一

http：//www.swany-kamakura.co.jp

STAFF
裝禎設計／みうらしゅう子
紙型／山科文子
紙型描圖／佐々木真由美
插圖／為季法子
編輯協力／田村さえ子
編輯／並木 愛·根本さやか

攝影協力 Antique·Trifle
（http：//www.a-trifle.com）